世界はいま、新たなミサイルの脅威に直面する

極超音速ミサイル入門

能勢伸之

イカロス出版

目次

第5章 その他各国の極超音速ミサイル事情

第6章 極超音速ミサイルへの対処

※本文中に掲載した写真やイラストのクレジットは解説末尾の（　）内に表示しました。

はじめに
～忍び寄る影、新たな脅威、極超音速ミサイルとは～

本書のテーマは、中国、ロシアが開発・配備を先行し、米国その他の国々がその後を追う、新たなる兵器「極超音速ミサイル」である。

極超音速ミサイルの「極超音速」とはマッハ5以上つまり、音速の5倍以上の速さのことだが、一般にロケット・ブースターで打ち上げ、標的目指して落下する弾道ミサイルでも、極超音速に到達する。そして極超音速ミサイルは、弾道ミサイルと同じ、または同様のロケット・ブースターで打ち上げられる。

では極超音速ミサイルは、弾道ミサイルとどのように異なるのか。そして軍事大国を含め各国は、なぜ極超音速ミサイル・プロジェクトに乗り出しているのか。さらに、それは弾道ミサイルにとってかわる兵器となりうるのか。

それを語る前に、日本周辺の安全保障環境や世界規模での安全保障体制にとっての弾道ミサイルの意味を簡単に振り返っておきたい。

国連の安全保障理事会で、拒否権を持つ常任理事国の、米、英、仏、露、中の5カ国は、NPT（核拡散防止）条約では「核兵器国」と定められており、戦略核兵器を、言うなれば合法的に保有している。その戦略核兵器の重要部分を成しているのが、ICBM（大陸間弾道ミサイル）やSLBM（潜水艦発射弾道ミサイル）といった「弾道ミサイル」だ。

世界の安全保障にとって、核兵器大国である米露が結んだ重要な軍縮条約である新ＳＴＡＲＴ条約（２０１０年署名）は２０２１年現在も有効であり、この新ＳＴＡＲＴ条約には弾道ミサイルの定義として、「プロトコール6.（5.）弾道ミサイルとは、「飛翔経路のほとんどが弾道軌道（＝楕円軌道）」と記載されている。言い換えると、ロケット・ブースターで打ち上げ、噴射終了後も、ミサイルそのものまたは、ミサイルから切り放された弾頭が、慣性で弾道軌道を描いて上昇を続け、やがて標的の上に落下する兵器ということだ。

日本の安全保障に直結していた米露の軍縮条約としては、ほかにも１９８７年に米ソ（ロシア）が署名し、翌88年に発効した、いわゆる米ソ（ロシア）ＩＮＦ条約があった。この条約は、米国とソ連（ソ連崩壊後は、ロシア）が、地上発射の射程５００～５５００キロメートルの弾道ミサイルと巡航ミサイルを全廃することを約した条約だった。ＩＮＦ条約は、海を挟んでソ連（ロシア）と隣り合う日本の安全保障にとっても、当時は有益なものだった。

しかし、１９９３年に北朝鮮が、日本のほぼ全域を射程に出来るノドン弾道ミサイルの発射を実施して、状況は一変した。以後日本は、ジェット戦闘機より遥かに速い速度で標的に落下する、北朝鮮の弾道ミサイルの脅威の下に置かれたのである。しかし北朝鮮が日本を射程とする弾道ミサイル計画を次々にすすめても、日本の同盟国、米国は、それに対抗する〝日本がやられたら、やり返す〟ための準中距離、中距離弾道ミサイルのプロジェクトをすすめることは、ＩＮＦ条約の制約の下では、出来ないはずだった。そうした環境下で、日米は、弾道ミサイル防衛（ＢＭＤ）を重視する安全保障政策を続けてきたのである。

ＢＭＤのシステムは、簡単に言えば、敵弾道ミサイルの襲来を警告、迎撃し、市民を含む味方の犠牲を極力減らそうというものだ。

しかし、技術の進歩は、安全保障環境を激変させる。

日本周辺では、日米が長年構築してきたBMDでは防げない、または防ぐことが難しいだけでなく、発射後どこを狙っているか判りにくくすることを開発の目的とした「極超音速ミサイル」、それに「不規則軌道ミサイル」が出現した。

繰り返しになるが、極超音速とはマッハ5以上の速度を意味し、ロケット・ブースターで打ち上げられる弾道ミサイルやその弾頭でも、到達することが珍しくない速さだ。では、極超音速ミサイルは、弾道ミサイルと何が違うのか。

極超音速ミサイルには、極超音速滑空体ミサイルと、極超音速巡航ミサイルの2種類がある。極超音速滑空体は、グライダーのように滑空可能、ただし、マッハ5以上という極超音速での滑空が可能な飛翔体であり、極超音速巡航ミサイルは、超音速以上で作動可能になるスクラムジェット・エンジンを使用して、極超音速での飛行が可能な特殊な巡航ミサイルだ。

極超音速滑空体ミサイルや極超音速巡航ミサイルは、弾道ミサイルと同じ、または同様のブースターを用いて発射、加速するが、先端部のペイロードには、極超音速滑空体や極超音速巡航ミサイルが取り付けられる。発射・加速して、ブースターから切り放された後は、極超音速滑空体も極超音速巡航ミサイルも複雑に機動しながら飛翔し、かつ水平距離では、弾道ミサイルの弾頭より、より遠くへ飛ぶことになる。

このことは、言い換えると既存の弾道ミサイルのブースターを用いて、先端部（ペイロード）を取り換えると、極超音速ミサイルに〝変身〟出来るかも、ということである。

では、極超音速ミサイルの開発は、各国でどのように始まったのか。

ロシアの前身にあたるソ連は、米国のレーガン政権が打ち出したＳＤＩ構想（戦略核兵器をも迎撃する）に対抗し、迎撃網を突破するために、戦略核ミサイルの核弾頭を極超音速滑空体に搭載するという構想を立てたが、実現する前に、１９９１年、ソ連そのものが崩壊した。

米国ではオバマ政権時代に、究極の核廃絶を目指し、非核の極超音速滑空体でピンポイントで戦略目標を叩くという構想を打ち立て、バイデン副大統領（当時）を中心にプロジェクトが進められたが、発射・飛行試験に失敗して中断した。

世界の安全保障にとって、重要な条約である新ＳＴＡＲＴ条約（２０１０年署名）の前文には「通常武装型ＩＣＢＭやＳＬＢＭの戦略安定への影響に留意する」とあるが、非核の極超音速ＩＣＢＭやＳＬＢＭがこの記述にあたるとしても、将来、核弾頭を内蔵した極超音速滑空体や極超音速巡航ミサイルを搭載した、核弾頭内蔵極超音速ＩＣＢＭやＳＬＢＭが登場したとき、どのような扱いになるのか、世界規模での安全保障という観点からも気になるところである。

２０２０年末現在、極超音速ミサイルの分野で、中・露は米国より開発が先行し、一部、生産・配備も開始している。そして米国は極超音速ミサイルのペイロードに核弾頭を搭載する計画はないのに対し、ロシアは、核弾頭をペイロードとする極超音速滑空体の配備を開始し、中国がどうするかは不明だ。

日本周辺で、極超音速ミサイル・プロジェクトを進めているのは、米・中・露の軍事大国だけではない。北朝鮮も２０１９年に不規則軌道ミサイルの発射試験を繰り返し、成功している。それだけでなく２０２１年１月には極超音速滑空体を搭載した新型弾道ミサイルの試作を行うことを発表した。北朝鮮は大量に弾道ミサイルを保有している、と考えられてきたが、そのブースター部分を利用して〝極超音速滑空体〟を搭載した新型ミサイルを作り上げる可能性はないだろうか。もしそうなら、北朝鮮は弾道ミサイルの数を減らす代わりに、迎撃が難しく飛距離が延伸する極超音速滑空体ミサイルに転用していく可能性はないだろうか。こうした変化が、ひたひたと忍び寄る影となれば、日本周辺の安全保障環境を、意識されぬまま、劇的に変えるのではないか。

これらの状況を睨み、米国は、極超音速飛翔体を捕捉・追尾し、襲来を警告するための壮大な構想を立て、迎撃に関しても、新たなシステムの構想をすすめようとしている。

将来、極超音速ミサイルの迎撃が可能となるにこしたことはないが、せめて極超音速ミサイル襲来の警告ができるかどうかで、民間の被害も雲泥の差となるはずだ。

本書は、日本と世界の安全保障を揺さぶりかねない各国の極超音速ミサイルと、この新たな脅威に対する対処プロジェクトの現状と今後を記述するものである。

第1章

核兵器とミサイル

２００９年4月5日、当時のオバマ米大統領はチェコのプラハで、第二次世界大戦でのヒロシマ、ナガサキを念頭に「核兵器を使用した唯一の核大国として、米国には道義的責任がある。…（中略）…米国は核兵器のない世界をめざす」と演説した。このときオバマ政権下の米国は、無条件に自らの核兵器廃絶に乗り出そうとしたのか、それとも、力の均衡を維持するために何か核兵器以外の手段を持つ目処があったのだろうか。

翌年の２０１０年2月18日、当時のバイデン副大統領は「我々は（核兵器と）同じ目的を達成する複数の手段を開発している」と言明している。当時米国は、核兵器に代わる新兵器を開発していたということだ。ここで当時のバイデン副大統領が言っていた〝核兵器と同じ目的を達成する非核手段〟とは何だったのだろうか。その話に入る前に、まず、大戦時から現在までの核兵器について概観しておきたい。

第二次世界大戦末期に広島や長崎に使用されたのは爆撃機から投下された核爆弾だったが、航空機から投下する核爆弾は２０２１年の現在に至るまで存在している。また冷戦時代の米国では、野戦砲M65 ２８０ミリ砲から発射するW9、W19核砲弾が開発・生産された。M65は米国ではすでに退役しているためW9、W19核砲弾も歴史上の産物ではあるが、一方のソビエト（当時）は、口径の大きな2S7マルカ自走砲から発射する〃3BV2核砲弾〃を開発・生産し、このマルカ自走砲は現在も近代化が図られているため、ロシアのメディアでは核砲弾復活の可能性も示唆されている。また1950年代、NATOの一国である英国は、ソビエト軍を中核とする膨大なワルシャワ条約軍が西ドイツへ侵攻するのを防ぐために、核地雷の製造を計画している（しかし、地中に長時間埋めたままにする核地雷の核爆発装置は、低温のため起爆しなくなる可能性があるとして、核地雷のケースに生きた鶏を入れて、その体温で核地雷の低温化を防ごうと計画したが、結局、プロトタイプ2個を作ったが、1958年に破棄している[※1]）。

さらに核兵器は、21世紀に入っても陸海空での新たな運搬手段が構築され、その種類を増やしている。人が操作する航空機や車両のみならず、ロシアは現在、核弾頭を搭載した原子力推進のポセイドン海中ドローンを開発中だ。

このように、第二次大戦末期に初めて人類にその威力を

1945年8月6日、広島市に原爆を投下した原爆投下用改造B-29「エノラ・ゲイ」（写真右）と投下された原子爆弾「リトルボーイ」（写真左）（写真：US Air Force）

※1　ビジネスインサイダー2016/11/14
https://www.businessinsider.com/uk-developed-chicken-warmed-nuclear-landmines-2016-11

見せつけた核兵器は、冷戦期から現在に至るまでの間に、様々な使用方法と運搬手段が考えられるようになった。そして、核兵器を敵地に送りこむ仕組みとして発達したものの中で、特に目立つようになったのが、巡航ミサイルと弾道ミサイルなのだ。

巡航ミサイル

核・非核の弾頭をもち、低高度をコースを変えながら飛ぶ〝無人航空機〟

では巡航ミサイルとは何か。

1987年に米露が調印し2019年に無効化するまで、射程500～5500キロメートルの地上発射巡航ミサイルと弾道ミサイルを核・非核を問わず全廃することを約束し、世界の安全保障の重要な基盤となっていた『INF条約[※2]』の第二章二項では、「巡航ミサイル」という用語について「その飛行経路の大部分にわたって空力揚力を使い、飛行を維持する無人の自航式飛翔体を意味する」と定義している。

この定義には、巡航ミサイルの動力についての言及は見当たらないが、現実につくられた既存の巡航ミサイルは、何らかのジェット・エンジンを使用して音速前後の速度を維持するものが多

※2 Treaty Between The United States Of America And The Union Of Soviet Socialist Republics On The Elimination Of Their Intermediate-Range And Shorter-Range Missiles

く、飛翔経路の大部分で翼や胴体で揚力を得て飛行を維持し、核・非核の弾頭を敵地に運ぶ無人の飛翔体ということになる。翼や胴体で揚力を得るわけだから、飛翔経路は、事前のプログラムやリモートコントロールで動翼を動かす等の操縦によって、低空を複雑な経路でも飛翔できるミサイルということになりそうだ。従って、後述するロケットを使う弾道ミサイルより、一般に速度は遅いものの、高度や飛翔コースを変えながら飛んでいくことになるだろう。

現在の代表的な巡航ミサイル、例えば米空軍の大型爆撃機Ｂ-52Ｈストラトフォートレスに搭載されるＡＧＭ-86巡航ミサイルのうち、核弾頭Ｗ80-１を内蔵するＡＧＭ-86Ｂ巡航ミサイルは、射程２５００キロメートル、核弾頭の威力はＴＮＴ換算（爆発時の威力を表す単位）で５～２００キロトン。そして弾着精度を示すＣＥＰ（*Circular Error Probability*：半数必中界半径＝発射したミサイルの半数が着弾する円の半径）は30メートルであるのに対して、高性能爆薬を用いる非核のＡＧＭ-86Ｃブロック１巡航ミサイルは、射程１３２０キロメートルでＣＥＰは５メート

現在B-52H爆撃機に搭載される非核のAGM-86ALCM（ALCM=Air Launch Cruise Missile）（写真：US Air Force）

※**筆者注**：INF条約（1987年署名。88年発効。2019年失効）は、しばしば、「中距離核全廃条約」と紹介されるが、英語の正式名称（注釈*2参照）にもある通り、日本語に訳せば「アメリカ合衆国とソビエト社会主義共和国連邦の間の、中距離および、より短い距離のミサイルの撤廃に関する条約」となる。この条約の正式名称には、NUCLEAR（＝核）の文字がなく、条約の対象を核ミサイルに限定していない。条約の対象は、核であれ、非核であれ、いわゆる地上発射『中距離（＝Intermediate）』と「より短い射程」の弾道ミサイル/巡航ミサイルだが、この“中距離”という言葉も1000～5500キロメートルと定義され、“より短い射程（＝Shorter-Range）”には「射程500～1000キロメートル」と規定されている。つまり、これによって、INF条約による“全廃”対象は、射程500～1000キロメートルおよび1000～5500キロメートルの地上発射弾道ミサイルと巡航ミサイルであった。

ル、その発展型であった非核のAGM-86Cブロック1A巡航ミサイルはCEPが3メートルに向上した。AGM-86D巡航ミサイルも核弾頭ではなく、545キロの高性能爆薬による貫通弾を搭載。最大射程は1320キロメートルだが、CEPはこちらも3メートルという高精度だった。

さらに、有名なトマホーク巡航ミサイルは、段階を追って発達し続けていて、すでにブロックⅣ、ブロックⅤの段階にはいっているが、1980年代のブロックⅡの段階で、CEPは10メートルという精度であった。

一方、ロシアが2015年にシリアのIS（イスラム国）拠点攻撃に使用したカリブル巡航ミサイルの最大射程は1500キロメートル以上で、海上では高度20メートル、地表上では高度50～150メートルで飛行し、CEPは5メートルとの見方もあった。このような高精度の巡航ミサイルは、ジェット・エンジンを使用するミサイルで、音速を超えるか超えないかの速度のもの

米海軍のアーレイ・バーク級ミサイル駆逐艦「ステザム」(DDG63)から発射されるトマホーク巡航ミサイル(写真；US Navy)

が多いのだ。

ロシアのTu-95MS大型爆撃機に搭載可能なKh-55SM巡航ミサイルは250キロトンの核弾頭を搭載し、マッハ0・5~0・8で巡航し、最大射程3000キロメートル、CEPは25メートルとされている。ちなみに、非核のKh-555は高性能爆薬400キログラムの通常弾頭を搭載、最大射程は3500キロメートルで、CEPはこちらも25メートルとある。

そして、中国のHN-2C巡航ミサイルも高性能爆薬の弾頭を搭載。巡航速度はマッハ0・8程度。最大射程は1400キロメートルでCEPは5メートルという精度だ。つまり、米露中の代表的な巡航ミサイルは、最大射程は様々だが音速前後で飛翔し、命中精度を示す単位のひとつであるCEPは、核であれ、非核であれ、メートル単位を達成しているということだ。

巡航ミサイルは、地上を移動する車輌を発射装

ロシア空軍のTu-95MS大型爆撃機に搭載される空対地ミサイル、Kh-55(AS-15"ケント")
(写真:George Chernilevsky)

置とするものや、潜水艦の魚雷管や垂直発射基から発射するもの、軍艦の発射装置から発射するもの、それに航空機から発射するもの等、様々な発射装置を使うものがある。

複雑な軌跡を描いて飛ぶことで迎撃を難しくする巡航ミサイル

巡航ミサイルは、無人の航空機のようなモノなので、防御する側は、地上レーダーや海上の軍艦に装備されたレーダー等のセンサー、それに航空機に装備したレーダーや光学・赤外線センサーで捕捉・追尾し、迎撃ミサイル等で迎撃することになる。特に、海面上を低く、コースを変えながら飛んでくる巡航ミサイルは、防御側の軍艦のレーダーからすると、地球は丸いため水平線の向こうを飛んでいる（＝レーダーに映らない）時間が長く、防御側の軍艦のレーダーが捕捉した時にはすでに迎撃が間に合わないことにもなりかねない。このため米海軍では敵巡航ミサイルに対処する仕組みとして、ＮＩＦＣ（*Naval Integrated Fire Control*：海軍発展型火器管制）という仕組みが開発された。これは、イージス艦に搭載したＳＭ‐６迎撃ミサイルとＥ‐２Ｄ早期警戒機、それに、イージス艦とＥ‐２Ｄ早期警戒機が情報を共有出来るようにするＣＥＣ（*Cooperative Engagement Capability*：共同交戦能力）で出来ている。

たとえば敵の巡航ミサイルが、海上低空をコースを変更しながら飛んでくる、としよう。イージス艦は、優れたＳＰＹ‐１レーダーを装備しているが、地球は丸いので、巡航ミサイルが、水平線より上に上がってこなければ、イージス艦のレーダーには映らないことになる。

しかし、海上を長時間飛べる「空飛ぶレーダーサイト」Ｅ‐２Ｄ早期警戒機に装備された円盤状のＡＮ／ＡＰＹ‐９レーダーは空中から下を見下ろすようにして海上を広く監視できるため、捕捉した巡航ミサイルのデータをＣＥＣ（共同交戦能力）という仕組みでイージス艦と共有できる。そしてイージス艦は、自艦のレーダーには水平線の向こうで敵巡航ミサイルが映っていない状況でも、ＣＥＣで共有したＥ‐２Ｄ早期警戒機の巡航ミサイル捕捉・追尾データに基づいて、ＳＭ‐６迎撃ミサイルを発射。発射後のＳＭ‐６ミサイルには、Ｅ‐２Ｄの巡航ミサイル追尾データが継続して入力され、やがてＳＭ‐６ミサイルのセンサーが敵巡航ミサイルを捕捉し、迎撃する、ということになる。

このように無人の航空機である巡航ミサイルは、低空を飛んだり、地形に追随しながら、複雑な軌跡を描くことで迎撃を難しくさせているミサイルなのだ。

弾道ミサイル

ロケットで打ち上げ、弾道軌道を描いて弾頭を標的に落下させる「無人ロケット」

では、弾道ミサイルとは何か。簡単に言えば、ロケットで打ち上げて核・非核の弾頭を標的に落下させる兵器だ。その中には、大陸間弾道ミサイル（*InterContinental Ballistic Missile*：ICBM）と呼ばれる、射程5500キロメートル以上の長距離戦略核弾道ミサイルがある。

　戦略核ミサイルの目的は、そもそも遠く離れた敵を破壊することである。米国が1950年代に開発したアトラスE大陸間弾道ミサイルは、射程1万4000キロメートル、命中精度を示すCEPは3・7キロメートルであった。これは、発射したアトラスEの弾頭の半数は半径3・7キロメートルの範囲に着弾するということであるが、逆に言えば、半数はその円の外に着弾することになるわけで、標的から数キロメートルも離れた爆発で敵目標を破壊するためには、爆発範囲の大きな弾頭、つまり核弾頭を使用することが、軍事的には合理的ということになる。そして戦略核ミサイルの重要な目標のひとつが、敵国の戦略核ミサイル発射及びその管制施設だった。例えば、地下に埋め込まれ、巨大な

ケープ・カナベラルで発射準備を行うアトラスB（写真左）と、アトラスEことSM-65Eアトラスの発射風景（写真右）（写真：US Air Force）

蓋を被せて防護を強固なものにしたサイロ（大型のミサイルなどを格納する縦筒）を破壊するためには、巨大な破壊力を備えた核弾頭が求められた。アトラスEには爆発威力が3・75メガトンのW‐38核弾頭が装備されていた。メガトンというのは、キロトンの1000倍の単位である。第二次世界大戦で広島に投下された原爆「リトルボーイ」がTNT高性能爆薬換算で15キロトンであった。従ってアトラスEの核弾頭の威力は、単純計算で、リトルボーイの約250倍ということになる。ソビエト連邦で1961年から就役したICBM、SS‐7（R‐16）は、最大射程1万2500キロメートル、搭載核弾頭の爆発威力は5メガトン、CEPは2・7キロメートルだった。5メガトンというのは、単純計算でリトルボーイの330倍以上。つまりSS‐7は、アトラスEより爆発威力もCEPも上回っていたことになる。

しかし技術の進歩は戦略ミサイルの着弾精度を示すCEPも向上させた。現在、米国の現役ICBMミニットマンⅢ型は、爆発の威力が300～350キロトンで調整可能な核弾頭マーク12Aを最大3個、または300～475キロトンで調整可能な核弾頭マーク21を1個搭載し、最大射程1万3000キロメートル、CEPは120メートルである。ロシアのICBM、RS‐12M1トポル‐Mは、550キロトンの核弾頭1個を搭載し、最大射程1万1000キロメートル、CEPは350メートル。CEPが向上した米露のICBMには、もはやメガトン級の爆発威力の弾頭は見当たらないようだ。

また2019年10月1日の国慶節パレードで披露された中国のICBM、DF‐41は、3メガトン級の核弾頭を2個搭載するタイプと、20キロトン、90キロトン、150キロトンの個別誘導複数目標再突入体を最大10個搭載出来るタイプがあり、最大射程はどちらも1万1200キロメートルで、CEPは100~150メートルとみられている。地球表面上の距離が、約1万2600キロメートルで51分、約1万6000キロメートル離れた標的まで76分で到達するとの試算もある。[※3] これだと対地速度は平均毎分210~247キロメートルとなり、マッハ10以上ということになる。マッハ5以上の速さを「極超音速」というので、ICBMの平均速度は極超音速にあたることになる。実戦配備されたICBMは核弾頭を搭載しているので、こんな速度で核弾頭が飛んでくる、ということになるのである。

米露中の射程が長いICBMのCEPは、巡航ミサイルに優るとは言えないものの、極超音速となるICBMの速度は、音速を超えるか超えないかの巡航ミサイルより、極端に速いことになる。

このような「弾道ミサイル」とは何なのか、については、国際条約でも規定されている。

国際条約で弾道ミサイルは、例えば米露が2010年に締結した戦略核兵器の削減条約「新S

2020年2月5日、カリフォルニア州ヴァンデンバーグ空軍基地から打ち上げられたミニットマンIII大陸間弾道ミサイル(写真:US Air Force)

※3 米空軍スペースコマンド機関誌「High Frontier Vol.5No.2」

TART条約(*New Strategic Arms Reduction Treaty,New START*)」の「プロトコール6.(5.)」では、「弾道ミサイルとは、飛翔経路のほとんどが弾道軌道と定義される」となっていて、また、INF条約(1987年米ソで締結。2019年無効化)の第二条第一項では、弾道ミサイルについて「その飛行経路の大部分にわたって弾道軌道を有するミサイルを意味する」と規定していた。前述の巡航ミサイルの定義と異なり、「空力揚力」「自航式飛翔体」という言葉は見当たらない。

現実の弾道ミサイルは、核・非核の弾頭を搭載した無人ロケットのようなものだ。標的の方向を目指し、ロケットの噴射の方向を調整しながら、上昇(この段階をブースト・フェーズという)、噴射終了後も弾道ミサイルまたは弾道ミサイルから切り離された弾頭は、慣性の力で標的を目指し、上昇を続け、射程が長ければ、(大気圏外のような)空気の薄い空間に飛び出して、やがて、重力で下降を開始する。これをミッドコース(中間段階)というが、このミッドコースの間、噴射終了後の弾道ミサイル、または弾頭部は、弾道軌道を描くことになる。

弾道軌道というのは、発射された砲弾のような軌道ということになる。これは厳密には楕円軌道だが、飛翔距離が長くなく、地平線・水平線が弧というより直線に仮定できるとすれば、やや乱暴な言い方だが、弾道ミサイルの飛翔経路はほぼ放物線のようになる。そして例えば大気圏に再突入した弾頭は、大気によるブレーキが働きミッドコースが終了、標的の上に落ちていく。この段階をターミナル・フェーズ(終末段階)と呼んでいる。

新START条約やINF条約での弾道ミサイルの定義が、飛翔のほとんどが弾道軌道という

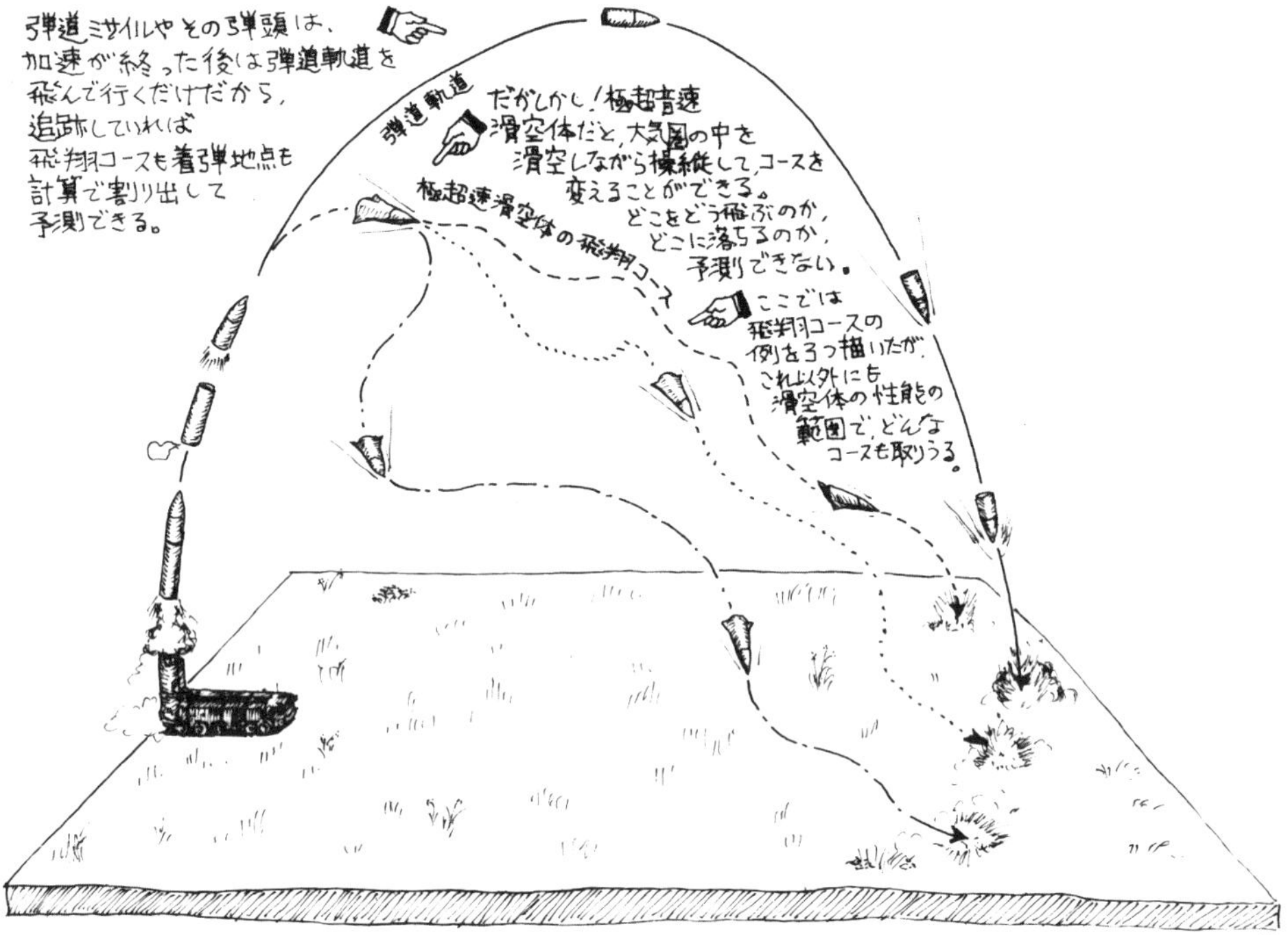

イラスト：岡部いさく

弾道ミサイルと極超音速ミサイルの軌道の比

図：米国会計検査院(GAO)

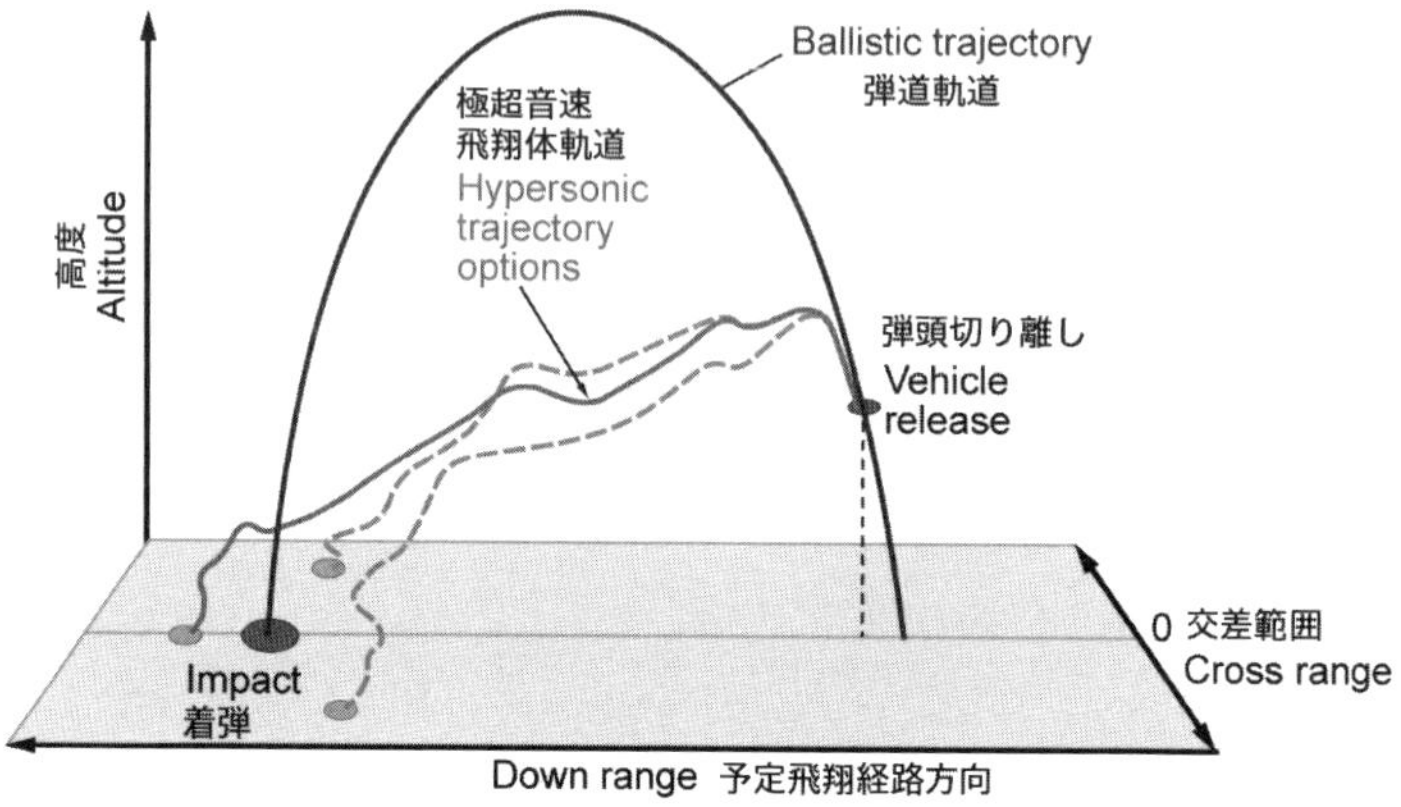

Source: GAO. | GAO-19-705SP

ことは、言い換えると、噴射終了後の弾道軌道で飛んでいる距離が、発射から着弾まで、ミサイルの飛ぶ距離のほとんどになるということになるのである。

弾道ミサイルのロケット推進剤には液体燃料と固体燃料がある

小学生の頃、理科の空気鉄砲のこんな実験を覚えている方もいるだろう。

プラスチックの筒の前端に丸めた紙の玉を詰め、筒の反対側からも別の丸めた紙を押し込み棒で押していくと、閉じ込めた空気の圧力で、筒の前端の紙の玉が、ポンと飛んでいく。少しでも遠くへ飛ばそうとすると、斜め上に打ち上げる必要がある。もちろん、丸めた紙そのものには推進力はないので、プラスチックの筒から放たれた後は慣性の力だけで飛んでいくことになる。これは、弾道ミサイルの噴射終了後のミッドコースと似ている。

弾道ミサイルの定義で重要な弾道軌道は、野球のフライ、ゴルフのテンプラ等を頭に浮かべてもらえればいいかもしれない。

弾道ミサイルは、発射装置が様々で、路上を移動する車輌や鉄道を使う移動式発射機、地面の縦穴に弾道ミサイルを収納し強固な蓋を被せるサイロ方式、潜水艦に弾道ミサイルを収納したチューブを縦に並べる等の他、航空機から発射する方法もある。

また、弾道ミサイルの推進ロケットは、①液体燃料と液体酸化剤を別々のタンクに収納し、ポンプでロケット・エンジンに導いて、燃焼・噴射させる方式と、②燃料と推進剤を混ぜたゴム状の固体推進剤を推進剤容器兼燃焼室であるロケット・モーターに特別な方法で詰めるという二つの方式がある。

液体推進であるロケット・エンジンは、ポンプでエンジンに導く燃料や酸化剤の流量を調整して、出力を増したり減らしたり調整できるが、ロケット・モーターの固体推進剤は、燃料と酸化剤が混合されているので、一度燃焼が始まると燃え尽きるまで燃焼・噴射を続け、その間、出力の調整は困難だ。

ただし噴射の調整ができる液体燃料のロケット・エンジンにも注意すべき点がある。強力な液体酸化剤をタンクに詰めるのだが、例えばロシアや北朝鮮のスカッド弾道ミサイルで使用されている酸化剤、赤煙硝酸は、硝酸に四酸化二窒素を加えたもので、硝酸は「金、白金を除くほとんどの金属を酸化して、溶かす」※4程、強力な酸化剤で、「ステンレス鋼、…（中略）…などは硝酸中でその金属表面に安定な不働態皮膜を形成し、優れた耐食性を発揮する」※5というシロモノ。従って、

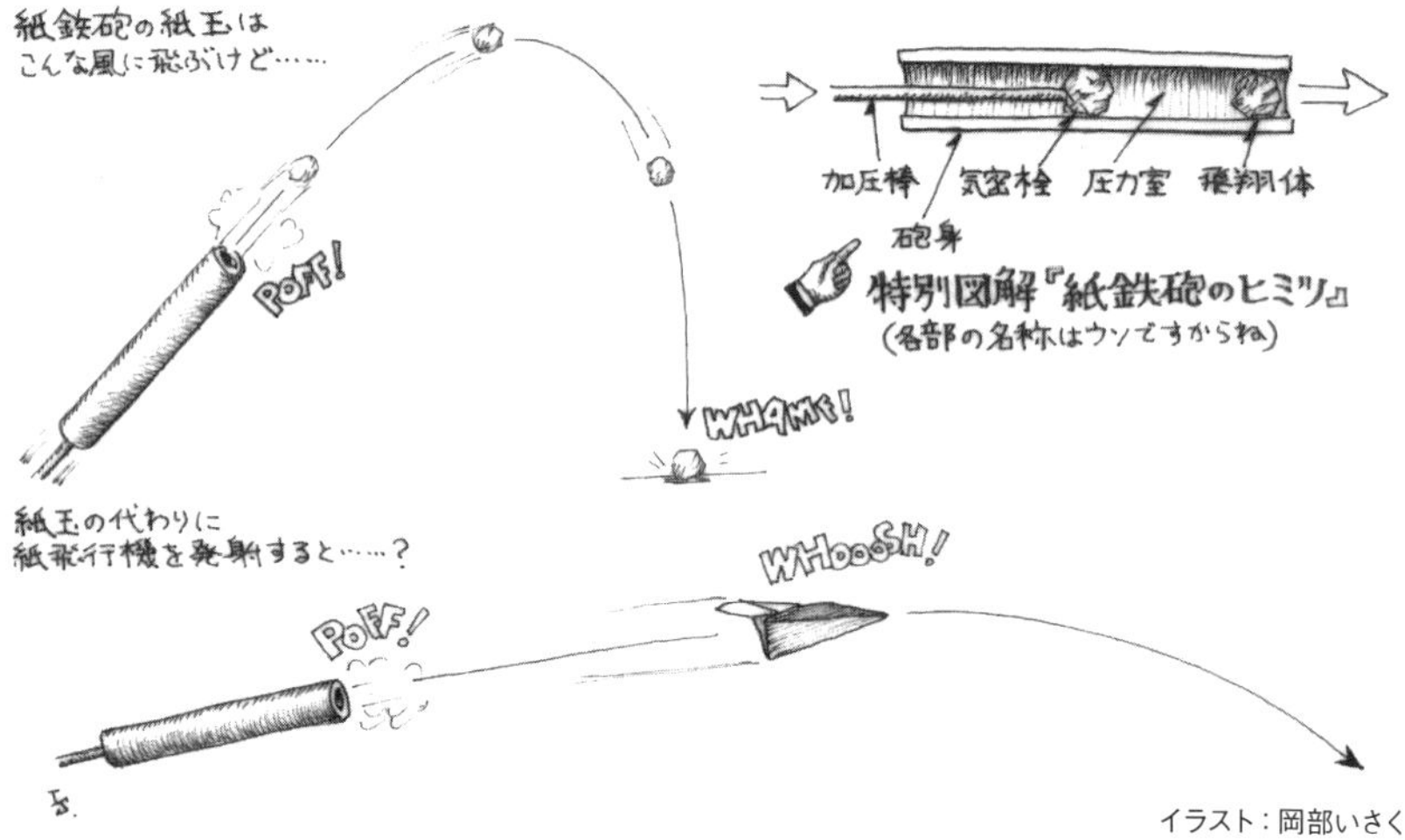

紙鉄砲の紙玉は
こんな風に飛ぶけど……
POFF!
WHAM!
加圧棒
気密栓
圧力室
飛翔体
砲身
特別図解『紙鉄砲のヒミツ』
（各部の名称はウソですからね）
紙玉の代わりに
紙飛行機を発射すると……？
POFF!
WHOOOSH!

イラスト：岡部いさく

※4　仙台市科学館 http://www.kagakukan.sendai-c.ed.jp/yakuhin/yak/049.htm

※5　強酸化性硝酸中におけるステンレス鋼の腐食　長野博夫 住友金属工業株式会社総合技術研究所 1988年 https://www.jstage.jst.go.jp/article/jcorr1974/37/5/37_5_301/_pdf

酸化剤を入れるタンクの材質や酸化剤への添加剤、酸化剤や燃料のタンクへの注入・保管には、様々な工夫や進歩があってもかなり神経を使うことになり、ミサイルのタンクに注入した液体燃料や液体酸化剤は、一定期間で入れ替える必要があるといえる。

これに比べて、固体推進剤の場合は、燃料と酸化剤を混ぜ、ただし、化学反応が起きないような安定した状態の固体推進剤を燃焼室に充填して生産した、固体推進式の弾道ミサイルをサイロ等の発射基／機に装填すると、いつでも発射可能な待機状態になる。

弾道ミサイルからの防衛

弾道ミサイルの発射を探知し追尾する早期警戒衛星DSPとSBIRS

では敵の弾道ミサイルを防衛するためには、どのような手段がとられているのだろうか。

弾道ミサイルは、ロケット・エンジンのミサイルであれ、ロケット・モーターのミサイルであれ、発射時は、噴射口からの大量の熱＝赤外線放射を伴う。

ＩＣＢＭ（大陸間弾道ミサイル）やＳＬＢＭ（潜水艦発射弾道ミサイル）のように射程の長い弾道ミサイルは、狙われる側からすると、地平線・水平線の向こうから打ち上げられるので、自国領土のセンサーで発射の瞬間を捕捉することは難しいといえる。
しかし、赤外線センサーを積んだ人工衛星を宇宙に並べるとどうなるだろうか。こうした考えに基づいて米国が計画したのが、早期警戒衛星だ。冷えた地球を赤外線センサーでスキャンするのである。
米国の初めての早期警戒衛星は、1960年から66年に掛けて12基が打ち上げられたMIDAS衛星だ。MIDASはギリシャ神話では手に触れるものすべてを黄金に変える王の名前だが、米軍のMIDAS衛星は「*Missile Defense Alarm System*（ミサイル防衛警報システム）」の略称。打ち上げられたもののロケット・ブースターから切り離す際に失敗して、爆発した衛星もあった。これらは気象衛星と同じ、地球から約3万6000キロメートル離れた静止衛星軌道前後にほぼ等間隔で並べられた。地球の直径1万2700キロメートル余り、その3倍近い距離に静止衛星軌道があることになる。1963年5月に打ち上げられたMIDAS衛星は、噴射がより熱く、燃焼時間が長い液体燃料のICBMを検出するように設計されていたが、固体推進のミニットマン及び、潜水艦発射弾道ミサイル（SLBM）ポラリスの試験発射をリアルタイムで検出したと言う。[※6]
こうした早期警戒衛星の発達で、70年代には早期警戒衛星のデータによって、敵弾道ミサイルの発射から6分以内にそのミサイルの標的が確定出来るようになったと言う。ただ、MIDASの後継となった当時の647早期警戒衛星では、弾道ミサイルが燃焼終了に近づくと赤外線の放射が減り、ミサイル追尾が出来なくなる。しかしその頃には敵弾道ミサイルは、米国の巨大な戦

※6　p.309～312, Guardians, Curtis Pee bles著　1987年

略レーダー網、BMEWSで捕捉・追尾できる高さを越えているはずだった。つまり、敵弾道ミサイルの発射を647早期警戒衛星が捕捉、追尾し、発射から6分以内に、そのミサイルが何処を標的にしているかを割り出し、敵弾道ミサイルが噴射を終了しそうになると、地上の戦略レーダー網に敵弾道ミサイルの追尾を引き継ぐ、というわけだ。

647早期警戒衛星には、1973～74年にDSP（防衛支援計画：*Defense Support Program*）衛星という新たな名前が与えられた。

DSP衛星は、1970年代から80年代に掛けてソビエト本国からの弾道ミサイル発射を見張るために、インド洋上空に展開した他、ソビエトのミサイル原潜の活動エリア拡大に合わせて、西経135度近辺の東太平洋中央上空と西経70度近辺のブラジルの雨林地帯上空の静止衛星軌道に置かれた。『静止衛星軌道』というのは、前述の通り地球から約3万6000キロメートル離れた衛星軌道で、地表からみるとこの軌道上の衛星は静止しているように見えるのでこの名があり、日本の気象衛星「ひまわり」もこの軌道上に置かれている。米国のDSP早期警戒衛星は宇宙の定点から、地球の表面から発射される弾道ミサイルを監視していたことになる。

DSP衛星（イメージ図）

DSP衛星のイメージ図。全長10メートル、全幅6.7メートル。衛星の地球側にあるメガホン状の構造物が6000個ものセルから成る赤外線望遠鏡の赤外線取入口。軸線を中心に1分間に6回転して地球表面をスキャンする（イラスト：US Air Force）

次の早期警戒衛星システム、ＳＢＩＲＳ（宇宙赤外線システム：*Space-Based Infrared System*）は、静止衛星軌道に置かれるＳＢＩＲＳ‐ＧＥＯ衛星と長楕円軌道の別の任務の衛星に搭載されたＳＢＩＲＳ‐ＨＥＯセンサー、そして以前のＤＳＰ衛星から構成されている。※7 その赤外線センサーは、「ＤＳＰ衛星の赤外線センサーより柔軟性と感度で優れた、短波赤外線および中波赤外線信号を検出するように設計されている」※7 とされている。広域を担当し地球表面をスキャンするＯＰＩＲセンサーと、狭い範囲に集中するステアリングセンサーを装備したＳＢＩＲＳ‐ＧＥＯ衛星は、２０１１年に１号基が打ち上げられた後、２０１３年に２号基、２０１７年に３号基、２０１８年に４号基が打ち上げられ、２０２１年には５号基、最終の６号基は２０２２年に打ち上げられる見通しだった。※8

早期警戒衛星システムSBIRSの構成イメージ

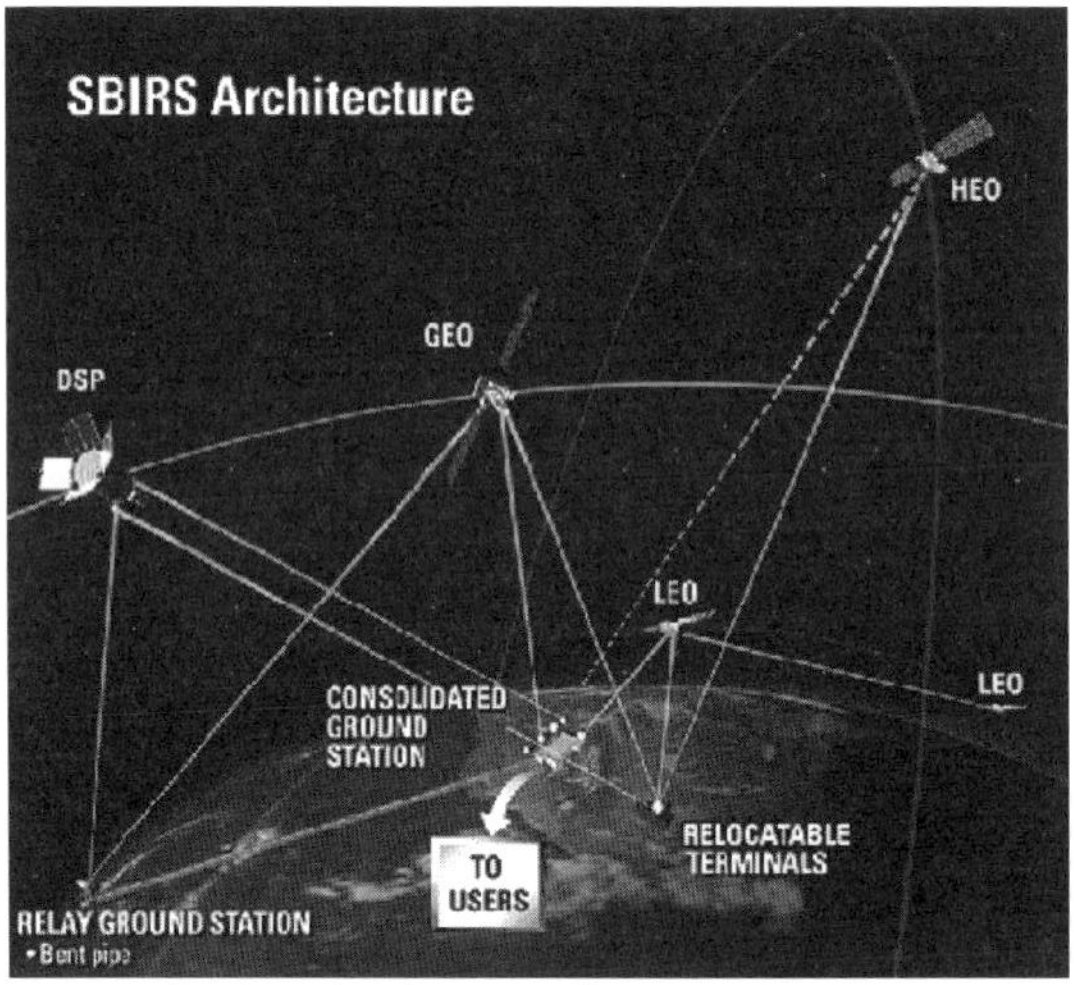

SBIRSは、①2種類の赤外線センサーを搭載し、静止衛星軌道上のSBIRS-GEO衛星、②極軌道衛星に搭載されたSBIRS-HEOセンサー、③従来のDSP衛星から成る（イラスト：US Air Force）

SBIRS-GEO

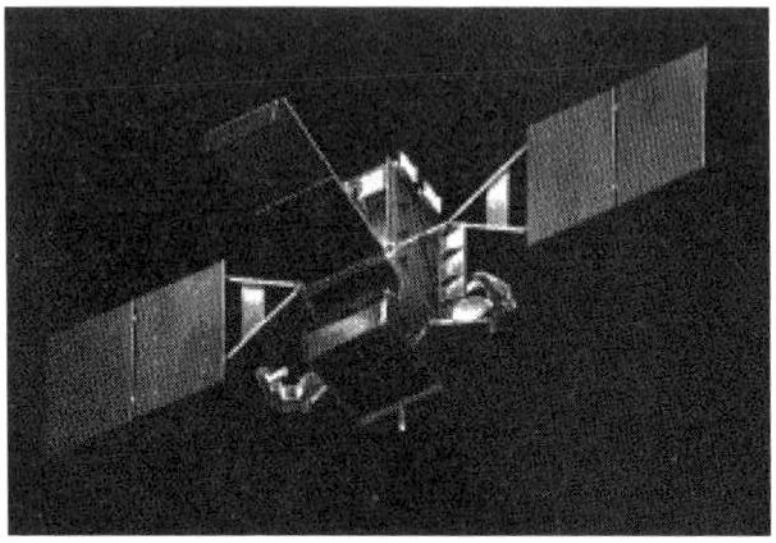

SBIRS-GEO衛星は、約15メートル×6.7メートル×6メートル。地球表面をスキャンするOPIRセンサーとステアリングセンサーを装備（イラスト：US Air Force）

※7　米空軍宇宙コマンド
https://www.afspc.af.mil/About-Us/Fact-Sheets/Display/Article/1012596/space-based-infrared-system/

※8　https://spacenews.com/lockheed-martin-completes-production-of-sbirs-geo-5-satellite-to-be-launched-in-2021/

ＤＳＰ衛星やＳＢＩＲＳシステムは弾道ミサイルの発射を探知し、その後のブースト・フェーズ（噴射）の赤外線を追尾する。そのシグナルの地上での受信・解析システムは、受信した早期警戒衛星のシグナルを元に、ミサイルの発射ポイント、弾着エリアだけでなく、飛翔途中の弾道ミサイル、またはその弾頭の未来位置も割り出すことになる。なお地球表面からかなりの距離があるＤＳＰ衛星やＳＢＩＲＳ衛星の赤外線センサーは、地球表面を背景に弾道ミサイルを見るわけなので、噴射終了後、熱の放射が減っていく弾道ミサイルは地球表面との温度差も減ってしまうため、ミッドコース段階の弾道ミサイルや、それから分離した弾頭の検知や追尾は難しくなる。

早期警戒衛星からの情報を受信・解析するのがＪＴＡＧＳ

こうして得られた米国の早期警戒衛星のシグナルを受信・解析するのは、コロラド州バックリー空軍基地に置かれた米宇宙軍のスペース・デルタ４という部隊で、ＳＢＩＲＳ衛星等からなるミサイル警報システムを管轄している。[※9]

また、米早期警戒衛星のシグナルを受信・解析する仕組みは、米本土以外にもある。

規模が大きなものとしては、オーストラリアに米豪共同基地、パインギャップがある。また、日本や韓国にはＪＴＡＧＳ（*Joint Tactical Ground Station*：統合戦術地上ステーション）が置かれているが、これは、貨物輸送用コンテナ１基にコンソール３基を内蔵し、パラボラ・アンテナ３基をコンテナの外に立てて連接し、静止衛星軌道上の早期警戒衛星のシグナルを受信する装備

※9　https://www.whs.mil/News/News-Display/Article/2360955/space-delta-4-welcomes-secretary-of-the-air-force-barbara-barrett/

である。稼働中のJTAGSは4基で、日本、カタール、イタリア、韓国に配備されている。[※10] 日本では、三沢基地に2008年1月に配備され、2019年現在JTAGS-D分遣隊として22名が展開している。[※11] 配備直後のJTAGSは、DSP衛星からのシグナルを受信、処理、伝達する任務を担当していたが、2020年11月にフェーズ1への能力向上を終えた韓国に配備されたJTAGSは、DSPやSBIRSなどの衛星のセンサー、その他の赤外線衛星センサーなど、オーバーヘッド持続赤外線（OPIR）衛星コンステレーションから直接ダウンリンクされたデータを受信して処理している。

　またJTAGSは、複数の通信ネットワークを使用して、弾道ミサイルの

2008年に米軍三沢基地に配備されたJTAGSのパラボラ・アンテナ（写真：US Air Force）

※10 https://news.northropgrumman.com/news/releases/northrop-grumman-us-army-install-improved-missile-early-warning-system-in-republic-of-korea

※11 https://www.pacaf.af.mil/News/Article-Display/Article/596548/joint-tactical-ground-station-opens-at-misawa/（https://www.army.mil/article/227174/jtags_soldiers_stay_certified_for_vital_defense_mission）

発射に関する警告やその他の戦術イベントに関する警告、およびキュー情報をほぼリアルタイムで戦域全体に伝達するという。[※12]

このJTAGSは、必要な場合にはパラボラ・アンテナを分解してコンテナ内に内蔵し、コンテナの前後に車輪を取り付けて牽引車両で移動可能になるという装備だ。〝弾道ミサイルの発射に関する警告〟は、早期警戒情報（SEW：*Shared Early Warning*）ということになり、JTAGSでの情報処理によって、捕捉した弾道ミサイルの未来位置、それに、どこに着弾しうるか、というエリアが割り出される。この弾着予想エリアは、フットプリントとも呼ばれている。〝その他の戦術イベント〟には、例えば「Slow Walker」という機能があるが、これは早期警戒衛星が捉えた赤外線の連続した痕跡から、戦闘機や攻撃機の噴射、特にアフターバーナーの使用を捕捉して、味方の地上／海上レーダーの覆域以外での航空機の飛行をリアルタイムで追尾する機能である。また〝キュー〟というのは、きっかけを知らせる合図のことで、早期警戒衛星のシグナルを地上の設備で処理し、地上や海上の早期警戒レーダーや迎撃システムに作動のきっかけを伝えることを意味している。

こうして、早期警戒衛星システムによって、さらに精緻に弾道ミサイル、またはその弾頭の追尾を行うわけだが、日本をはじめ米国やその同盟国の弾道ミサイル防衛は、発射された弾道ミサイル、またはそこから切り離された弾頭の追尾データに基づいてその未来位置を予測し、迎撃ミサイルを適切なタイミングで発射してその未来位置に近づけ、最後は、迎撃ミサイル自身のセンサーで、敵弾道ミサイル、またはその弾頭を捕捉させ、迎撃することにある。

※12 https://news.northropgrumman.com/news/releases/northrop-grumman-us-army-install-improved-missile-early-warning-system-in-republic-of-korea

この弾道ミサイル防衛で重要なのは、飛翔中の弾道ミサイル（または弾頭）の未来位置が、かなり精緻に予想できることだ。なぜ予想出来るのか、その最大の理由は、弾道ミサイル（または弾頭）は比較的単純な弾道軌道（＝楕円軌道）を描いて飛ぶため計算ができる、ということなのである。

極超音速兵器のはじまり

オバマ政権下でのＣＰＧＳ構想、通常打撃ミサイル（ＣＳＭ）

さて、冒頭で触れた話に戻りたい。米国はオバマ政権時に、戦略核兵器を非核化するために、どんな兵器を開発しようとしていたのだろうか。

米国は４年ごとに国防計画を見直し、それをＱＤＲ（*Quadrennial Defense Review*）と呼ぶが、２０１０年２月のＱＤＲには「国防総省はＣＰＧＳ（*Conventional Prompt Global Strike*：全地球規模即時打撃通常〔＝非核〕兵器構想）の複数のプロトタイプを試験する」とあった。

前述の通り、米ミニットマンⅢ型大陸間弾道ミサイルは、最大射程１万３０００キロメートルで、１個または３個搭載される核弾頭の威力は３００～４７５キロトン、ＣＥＰは１２０メートルであった。これに対してロシアのトポルＭ大陸間弾道ミサイルは、最大射程１万１０００キロメートル、単弾頭で、その威力は５５０キロトン、ＣＥＰは３５０メートルである。着弾精度が向上すれば、破壊力が大きくなくても目標を破壊できる可能性も向上することになる。こうして１９６０年代のメガトン級の破壊力は必要ないと米露は判断したのか、２０００年代では、米ロともに核弾頭の威力は数百キロトンに縮小した。これに対して、弾道ミサイルの方は、ロケット・エンジンやロケット・モーターを使用し、音速を超えるどころか、マッハ５以上を意味する極超音速のマッハ20に達するミサイルも珍しくないのだ。

米議会調査局の報告書（２０２０年）では「1995年8月、米空軍は先端が尖った、爆発しない弾頭をＩＣＢＭに搭載して発射。強化コンクリートに近い特性の花崗岩に命中させて貫通力のテストを行ったところ、突入角90度で30フィート（約9メートル）の深さまで貫通し、既存の貫通兵器をしのぐ貫通力を実証した」と記述されていた。つまり、ＩＣＢＭのようなロケット兵器の弾頭は爆発しなくても、その運動エネルギーだけでかなりの破壊力があるということだ。

さてオバマ政権下のＣＰＧＳ構想で検討された主要な兵器は、米空軍のＣＳＭ（*Conventional Strike Missile*：通常打撃ミサイル）と米海軍のＣＴＭ（*Conventional Trident Modification*：非核化した潜水艦発射弾道ミサイル）「トライデント」であった。

米空軍のＣＳＭとは大雑把に言えば、ＩＣＢＭ（大陸間弾道ミサイル）のような地上発射の戦略ミサイルに、精密に誘導される非核弾頭を搭載しようというものだった。

先に空気鉄砲の実験授業を例に弾道ミサイルのミッドコースを説明したが、空気鉄砲のプラスチックの筒の前端に詰めた丸めた紙の玉が、いったん放たれると、あとは慣性の力だけで飛んでいくことになり、弾道ミサイルの噴射終了後のミッドコースと似た飛翔になる、とたとえたが、では、丸めた紙玉ではなく紙飛行機を、紙玉を打ち出すのと同じ力で打ち出したら、どうなるだろうか。紙飛行機は滑空するので、弾道軌道より低い軌道でも着地場所は紙玉より遠くなる可能性がある。これがＣＳＭの概念に近いものである。

ＣＳＭは、ＩＣＢＭ級のロケット・モーターやロケット・エンジンを使用するが、ＣＳＭの先端に搭載されると想定されていたのは、ＩＣＢＭで使用される円錐形の再突入体ではなく、平べったい三角形の滑空体（グライダー）だった。空気抵抗を極力、小さくして、ＣＳＭの先端から分離した後、大気圏外に出た滑空体は、重力で大気圏に突入し、大気圏内をマッハ５以上の極超音速で滑空して揚力を得て、再び大気圏外に出る。こうして大気圏に突入、脱出を繰り返しながら目標に接近、目標付近で内部に搭載された弾頭を放出するというものだった。ＣＳＭの先端部の滑空体の大気圏への突入速度は、マッハ23、秒速では6・7キロメートルになるとの予想もあった。

米空軍宇宙コマンドの機関誌「ハイ・フロンティア（*High Frontier*）」の２００９年２月号に掲載された、当時、現役の米空軍ＩＣＢＭ部門の少佐が寄せた論文によれば、「米国は40年以上にわたり、戦略核打撃力として長距離弾道ミサイルを配備してきた。このところ、米議会はさまざまなＣＰＧＳの提案を検討している。これは、大気圏内（宇宙という意味で使用される大気圏外とは対照的に）で非核の弾頭を搭載したハイパーグライドデリバリービークル（＝超滑空運搬飛翔体）で、条約上等の懸念を軽減する。これによって、米国は、海外の基地や海軍の存在に関係なく、世界中のどこにでも迅速に攻撃することができる」という主旨を示していた。

ＩＣＢＭのような大気圏外に楕円（だえん）の弧のような弾道軌道を描くこと無く、ＣＳＭは、それよりも低く大気圏上層の高度、またはそれより上を飛翔することになるのだ。

前述の論文によれば、このＩＣＢＭより低い飛翔経路により、ＣＳＭが発射地点から目標まで飛ぶ距離は、弾道軌道より相当に短くなり、短時間で目標に到達できることになるはずであった。前述の論文に添付された図によれば、例えば、発射地点から地理上の距離が１万６０００キロメートルの地点を目標としたとすると、弾道軌道を描くＩＣＢＭの場合、弾頭は宇宙に飛び出し大気圏に再突入して、目標地点に76分で到達するのに対し、地球の表面にほぼ平行に飛翔するＣＳＭでは、52分。地図上の距離、１万２６００キロメートルの目標では、ＩＣＢＭが51分、ＣＳＭは45分で到達すると見積もられていたのである。

このような時間の短縮は、どのような意味があるかといえば、例えば北朝鮮等、極東アジアのように米本土からかなり離れた地点で、ミサイルの移動式発射機が停止したことを米軍および同盟国のセンサーが捕捉したとする。発射

従来のCSMと弾道軌道の比較

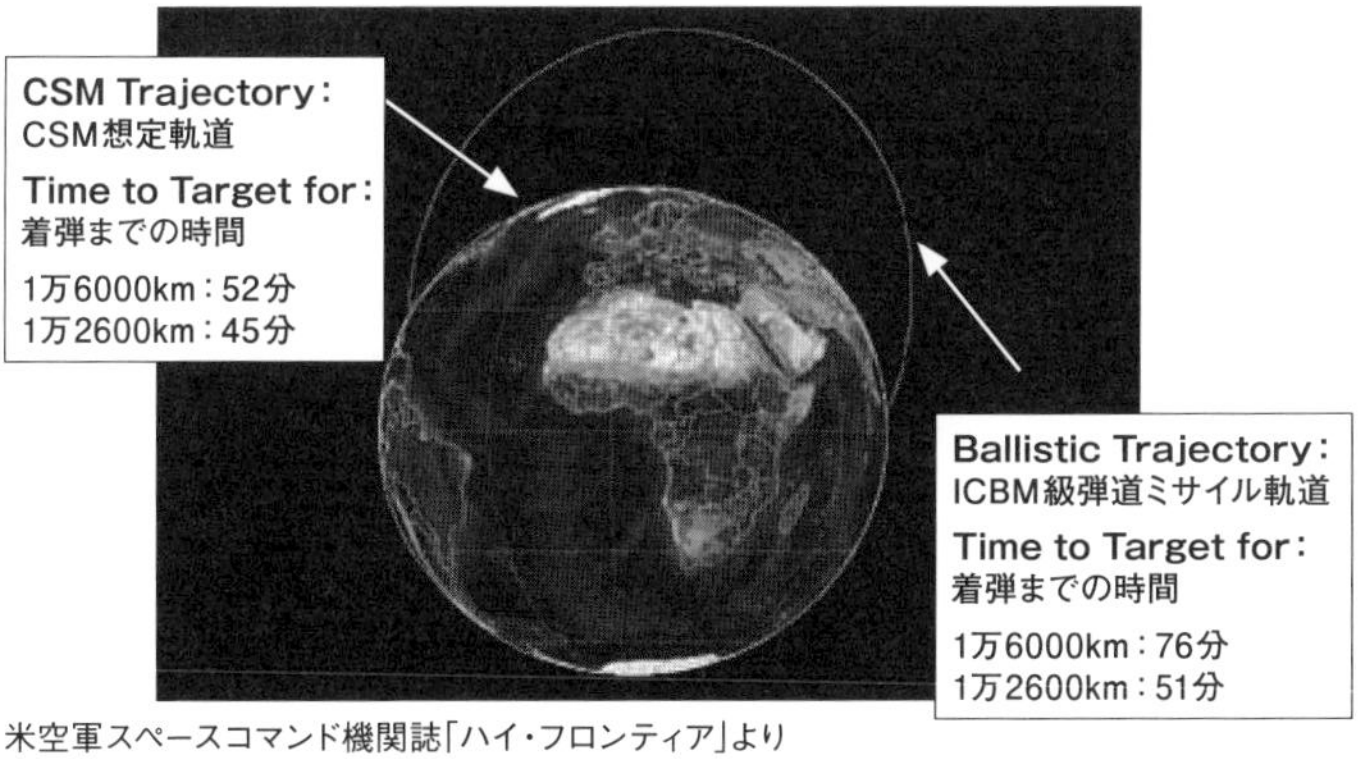

米空軍スペースコマンド機関誌「ハイ・フロンティア」より

準備に必要な作業をしている間に、物理的には、米本土からのＣＳＭによる攻撃で発射前の弾道ミサイルを移動式発射機ごと破壊できる可能性も考えられたかもしれない。

そのＣＳＭの弾頭はＩＣＢＭのような核弾頭では無く、主としてその運動エネルギーで目標・標的を破壊するものが想定されていた。２００９会計年度には、ＣＳＭの極超音速滑空体に、３種類の弾頭を搭載することが構想されていた。１つは、「ロッズ・フロム・ゴッド」といい、堅く、重い金属製の細長い弾体を複数、放出するもの。次の「ヘルストーム」は、多数のタングステン製の弾体を、例えば２４００平方メートルの範囲に数千発を落下させるというもの。３つめは、ＢＬＵ‐１０８というセンサー信管弾発展型。ＢＬＵ‐１０８は、内部に10発の各４・５キログラムの貫通弾を内蔵し、目標を探知すると貫通弾が高速で目標に命中、破壊するというものであった。３種類の弾頭はいずれも核弾頭ではなく、その内、ロッズ・フロム・ゴッドとヘルストームは、核弾頭どころか標的に爆発物をぶつけることもせず、もっぱら、金属を標的にぶつける、つまり、運動エネルギーで標的を破壊することを目指しているようであった。

ＣＳＭコンセプトそのものＨＴＶ‐２の発射試験

２０１０年2月18日、米国のバイデン副大統領（当時）は「ミサイル防衛の盾、世界的な範囲に届く通常（＝非核）弾頭、開発中のその他の能力、そして、他の核大国が削減に加わることによって、核兵器の役割を減らすことが出来る」と講演した。非核の極超音速兵器構想＝ＣＰＧＳ

は、あくまでも「核なき世界」に近づくための重要な一歩と言わんばかりであった。

では、オバマ政権下の米国では前述のＣＳＭ開発は進められたのだろうか。

２０１０年４月22日、オバマ政権下の米ＤＡＲＰＡ(*Defense Advanced Research Projects Agency*：米国防高等研究計画局)は、カリフォルニア州ヴァンデンバーグ空軍基地から、すでに退役していた大陸間弾道ミサイル、ピースキーパーを衛星打ち上げ用に改造したミノタウロスⅣライト・ロケットを使って、ＨＴＶ-２という平べったい三角形をした〝極超音速滑空飛翔体〟の発射試験を実施した。この発射試験は、ＩＣＢＭ級のロケット・モーターで極超音速滑空体を打ち上げ標的に向かって滑空させる、という意味ではＣＳＭのコンセプトそのものであった。この試験で、ＨＴＶ-２はマッハ22〜17で１３９秒間飛行したが、その後、見失ってしまった。続いて２０１１年８月11日にもＨＴＶ-２をミノタウロスⅣライト・ロケットで打ち上げ

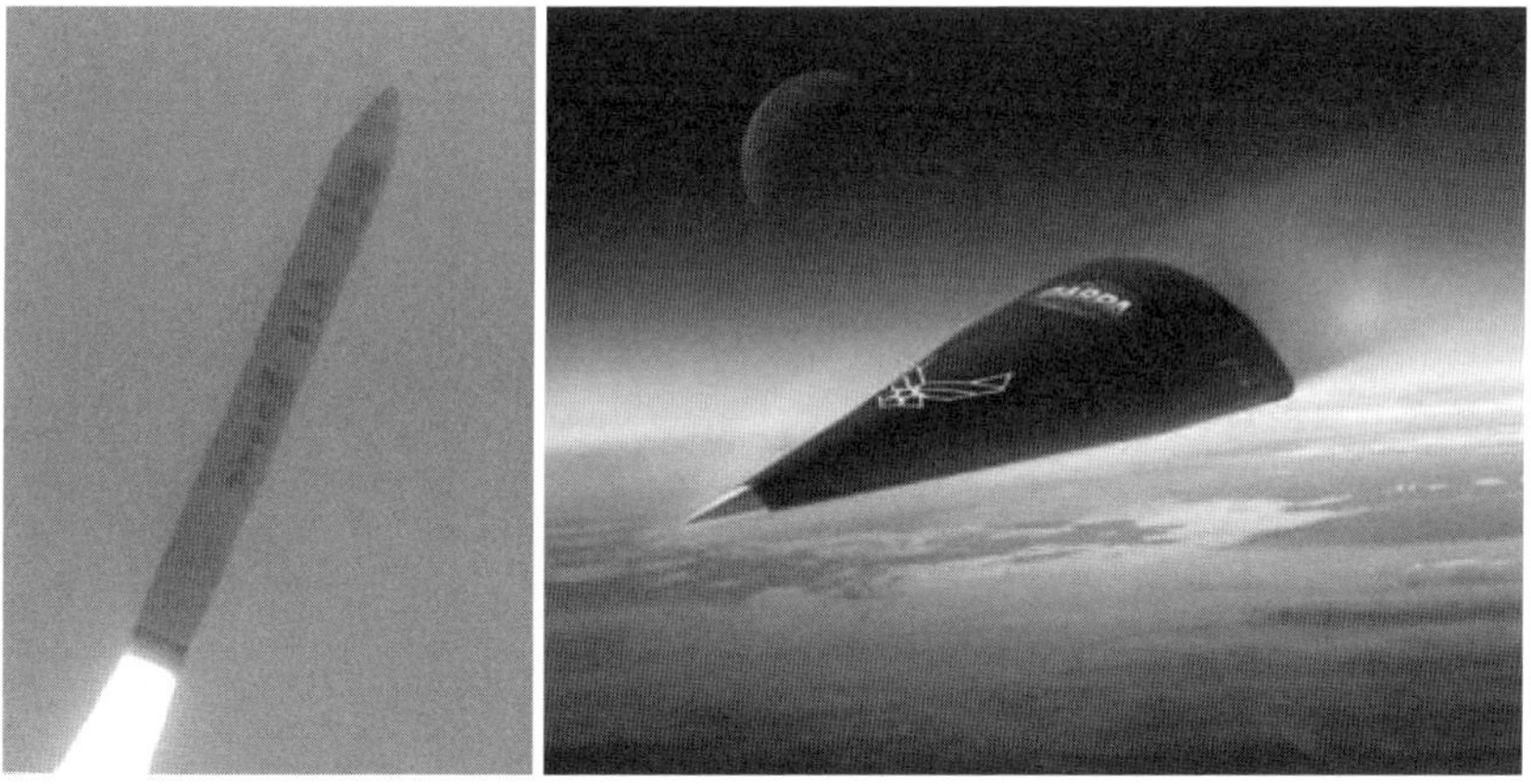

2010年4月22日、大陸間弾道ミサイル「ピースキーパー」を改造したミノタウロスⅣライト・ロケットの発射シーン(左)と、HTV-2“極超音速滑空飛翔体”のイメージ図(右)(写真：US Air Force、イラスト：David Neyland)

たが、ロケットから切り離された後の3分間、HTV‐2はマッハ20までの速度で安定飛行を実証したものの、約9分後、一連の衝撃を受けて異常を起こし、自律飛行安全システムがHTV‐2を海に墜落させた。

そしてHTV‐2のプロジェクトは、ここで終了してしまった。結局、HTV‐2の飛翔試験は、2回で終止符を打ったのである。

実現はしなかったものの、CSMは楕円軌道の弧である弾道軌道を描かない、つまり前述の条約上の弾道ミサイルの定義に当てはまりそうもないミサイル兵器であった。CSMやCTMが実現していれば、CPGS構想に基づく兵器は、非核兵器であり大量破壊兵器ではないので、核兵器に伴う倫理的、外交的な問題を回避できることにもなっていただろう。

オバマ米政権にとっては、極超音速ミサイルの開発は、戦略〝核〟兵器の〝非核化〟のためのプロジェクトであったが、では、他の国々にとっては、どうであったのだろうか。

極超音速滑空体（HGV）ミサイルと極超音速巡航ミサイル（HCM）

2021年2月現在、後述のように、米国はあらためて極超音速兵器を開発中だが、ロシアと中国は、すでに配備を開始している。

では、軍事大国が、極超音速ミサイル・プロジェクトをすすめるのは、なぜなのか。

極超音速ミサイルは、極超音速滑空体（HGV）または極超音速巡航ミサイル（HCM）を、

弾道ミサイルで使用されているのと同じ、または同様のロケット・ブースターに搭載したものだ。[※13]

極超音速滑空体というのは、マッハ5以上という高速でも飛翔できる滑空体(ほぼ、グライダー)のことで、極超音速巡航ミサイルは、超音速や極超音速で作動する特殊なジェット・エンジン、スクラムジェットを使用する巡航ミサイルのことだ。

先に、理科の空気鉄砲の例えを記述したが、空気鉄砲の紙玉を、紙飛行機(滑空体)に換えたものが極超音速滑空体ミサイルだとすれば、紙玉を、それ自身にも推進力があるものに交換したのが極超音速巡航ミサイルと言えるかもしれない。

弾道ミサイルならば、ロケット・ブースターから切り離された再突入体(弾頭)は、投げられたボールのように、楕円(だえん)軌道/弾道軌道を描いて飛ぶが、HGVやHCMは、22ページ図のように、ブースターから切り離された後、弾道ミサイルのような典型的な楕円軌道では無く、くねくねと特に大気中を飛翔することが可能になる。

さらに米政府会計検査院(GAO)資料[※14]によれば、「極超音速滑空体(HGV)は、動力が無く、ロケットで高く打ち上げられた後、標的に向かって滑空する。飛翔高度は約40~96キロメートルと予想される」「極超音速巡航ミサイル(HCM)は、ほとんどの飛翔中、高速エンジンで飛ぶ。飛翔高度は、19~30・4キロメートルと予想される」となっていた。この〝高速エンジン〟は、スクラムジェット・エンジンのことだ。ロケット・ブースターで超音速に加速された極超音速巡航ミサイルは、ブースターから切り離されると、高速で空気が流入、それを燃料と混合して燃焼し、推進力を得るのだ。

※13 2020 Ballistic and Cruise Missile Threat: Defense Intelligence Ballistic Missile Analysis Committee,,NASIC
※14 GAO、SCIENCE & TECH SPOTLIGHT: HYPERSONIC WEAPONS 2019年9月版

上記の予想される飛翔高度について、GAOは、射程等の前提があるかどうかも示していないので、HGVもHCMも、射程に関わらず、飛翔高度は前述の通り想定されるということかもしれない。

物理的に日本全域を攻撃範囲としうる北朝鮮のノドン1弾道ミサイルの射程は、約1300キロメートルで、到達高度は約150キロメートルとされていた。[※15] それに比べると、極超音速兵器であるHGVも極超音速巡航ミサイルも飛翔高度は低いということになる。飛翔高度が低ければ、それだけでも、地上・海上のレーダーでは捕捉・追尾が難しくなる上、HGVもHCMも、マッハ5以上の極超音速で、くねくねと飛ぶのだ。

この結果、①HGVもHCMも未来位置の予想が難しくなり、BMDでの対応、迎撃が難しくなる。②弾着ポイントの予測も難しくなり、避難が難しくなる。③HGVは滑空し、HCMはそれ自身が動力飛行するので、同じブースターを使用する弾道ミサイルより飛翔距離が長くなる可能性がある。さらに断定はできないが、④既存の弾道ミサイルのロケット・ブースターを極超音速ミサイルに転用する軍隊があれば、結果として、特定の弾道ミサイルの数量が減り、その分、極超音速ミサイルの数が増える、ということになりかねない等が考えられる。

ロケット・ブースターは弾道ミサイルと共通であったとしても、極超音速ミサイルには、兵器としてかなり際だった特徴があると言えよう。

では、軍事技術主要国は、この極超音速ミサイルと、それからの防御について、どのようなプロジェクトをすすめているのだろうか。次章からはこのことについてさらに詳しく見ていきたい。

※15 SpaceDaily : http://www.astronautix.com/n/nodong1.html

第2章

ロシアの極超音速ミサイル

ソビエト時代を含め、長年、米国のライバルと位置づけられてきたロシアは、米国や西側諸国とは異なるユニークな技術の発達を見せることがある。1991年の湾岸戦争などで世界に名を馳せたスカッドB弾道ミサイルを代替する新型ミサイル・システムの開発を、ロシアは1970年代から開始していた。

イスカンデルMシステム

弾道ミサイルでも巡航ミサイルでも装填・発射ができる画期的システム

2007年に配備が開始されたイスカンデルMシステムは、9M723弾道ミサイルを2発、または9M728巡航ミサイルを2発、搭載することが可能で、つまり、弾道ミサイルでも巡航ミサイルでも装填・発射ができるという兵器の歴史でも例をみない、独特なものであった。

イスカンデルMシステムで発射可能な弾道ミサイルや巡航ミサイルは、1987年に締結された米露INF条約が射程500～5500キロメートルの地上発射弾道ミサイル、巡航ミサイルを禁止していたことから、9M723弾道ミサイルも9M728巡航ミサイルも最大射程500キロメートルとなっていた。なおこのINF条約は、2019年に無効化している。

　イスカンデルで使用するミサイルで興味深いのは、前述の「9M723弾道ミサイル」だ。こ

イスカンデルMシステムは、折り畳み式の屋根の下に9M723弾道ミサイル、または9M728巡航ミサイルのキャニスター2本を搭載。屋根を開くまで、弾道ミサイルなのか、巡航ミサイルなのか、判定が難しい（写真：Vitaly V. Kuzmin）

のミサイルは、ミサイル防衛をかわすためレーダーに映りにくい弾体構造及び素材を使用し、弾道軌道なら最高到達高度80キロメートルであるのに対し、迎撃レーダーを極力かわすため最高高度50キロメートルの低進弾道で飛翔することが可能だとされている。これは±30度まで可動する4枚の動翼と、噴射口に突き出して噴射の向きを調整する4枚のジェット・ベーンを使って実現するもので、さらにこのミサイルは上昇段階のブースト・フェーズと標的に向かう最終段階のターミナル・フェーズで機動できるとされている。ジェット・ベーンは、上昇途中の高度12～15キロメートルまでミサイルを機動させるのに有効とされるうえ、動翼が有効に働かない高高度の場合は、8基の小型スラスターがミサイルを機動させる構造になっているとみられている。[※1]

弾道ミサイル防衛網を回避すべく独特な飛び方をする弾道ミサイル

このように、単純な弾道軌道を描かない9M723弾道ミサイルの特徴について、防衛省は、「北朝鮮による核・弾道ミサイル開発について」（2020年10月版）という公表資料の中で、「イスカンデルがとるとされる迎撃回避方法」を紹介し、①上昇時の機動、②低空軌道によるレーダー回避、③ステルス性が高く小さいレーダー反射、④終末段階の機動、をあげ、その特徴を整理している。

9M723ミサイルは、発射前にKshM指揮車輛と個々のMZKT‐79305移動式発射機の停車位置を、ロシア版の全球測位衛星システムGLONASS（*Global Navigation Satellite*

※1　Jane's Weapons Strategic 2018-19

System）で割り出し、標的までどのように飛行させるかを約10秒で作成してミサイルに入力する。

　９Ｍ７２３ミサイルのＣＥＰ（半数必中界）は50メートルとされているが、その発展型である９Ｍ７２３‐１ミサイルでは、先端にレーダー・シーカーを装備した場合は５〜７メートル、光学センサーを備えた場合は10〜20メートルとされている。そして、発射した９Ｍ７２３ミサイルが『①上昇時の段階で機動』すれば、米軍のＳＢＩＲＳ及びＤＳＰ早期警戒衛星が捕捉した赤外線シグナルの解析をもってしても、ミサイルが向かう弾着エリアどころか、方向を予測することも難しくなるかもしれない。そこへ『②低空機動で飛翔』し、『③ステルス性が高い』となると、地上や海上のレーダーによる捕捉も難しくなるだろう。さらに９Ｍ７２３弾道ミサイルは、噴射終了後のミッドコースで滑空し、動翼を動かして機動することになると考えられるが、その後『④終末段階でも機動』すると、ＰＡＣ‐３システムのＰＡＣ‐３ＭＳＥミサイルやＰＡＣ‐２ＧＥＭミサイル等による終末段階での迎撃も容易ではなくなるはずだ。

　このように、規則的な弓なりの弾道軌道を描いて飛ぶ従来の弾道ミサイルに比べて、９Ｍ７２３ミサイル（と、性能向上型の９Ｍ７２３‐１ミサイル）は、ミサイル防衛を回避するよう機動し滑空しながら〝不規則〟な飛び方をすることになるのである。

　９Ｍ７２３は、全長７・28メートル、最大直径０・92メートルで、弾頭重量は４８０キロ、発射重量３８００キロ前後。最大射程５００キロメートルで、ターミナル・フェーズでは、マッハ５・９に達するとされているが、この性能を他に活かすことも検討され、その結果、航空機搭載ミサイルとして応用されることになった。

MiG-31に搭載される航空機搭載型極超音速ミサイルKh-47M2〝キンジャール〟

そして搭載された航空機のひとつが、全長22・67メートル、全幅13・46メートル、最大離陸重量46・2トンのMiG-31〝フォックスハウンド〟迎撃機の改造機だ。

MiG-31BM迎撃機は、力任せに最高速度マッハ2・83を叩き出すD-30F6ターボファンエンジン2基を装備しており、戦闘機の目である火器管制レーダーも、世界初の戦闘機用パッシブ・フェーズド・アレイ・レーダー「ZASLON」の発展型「ZASLON-AM（S800AM／RP-31AM）」を搭載している。その探知距離は320キロメートル、追尾距離280キロメートルで、同時に24個の目標を捕捉し、その内の8個を標的として追尾出来る。そしてそれを改造したMiG-31K型機（現在はMiG-31BP）の胴体中央下部に、イスカンデルM／9M723の空中発射型Kh-47M2キンジャール空中発射弾道ミサイル（ALBM）が吊り下げられた。[※2]

Kh-47M2キンジャールは、全長約8・0メートル、直径約1・0メートル、重量も約4300キロとされ、大きさ・重量ともに、前述の9M723とほぼ同じ。弾頭部は480キロとされ、地上発射型の9M723ミサイルの弾頭が高性能爆薬による貫通型や子爆弾ばらまき型、それに燃料気化爆弾等、非核弾頭であったのに対し、キンジャールは核兵器または通常兵器（爆薬）の弾頭を搭載出来る[※3]という。

※2　The Diplomat 2019/8/13 https://thediplomat.com/2019/08/russia-showcases-kinzhal-nuclear-capable-air-launched-ballistic-missile-at-air-show/

※3　米国防省「Ballistic and Cruise Missile Threat 2020」2021/1/11

またキンジャールには、地上発射型の９Ｍ７２３とは異なる外観上の特徴がある。特にミサイル尾部が再設計されていて、操縦翼の小型化の他、９Ｍ７２３の場合は噴射口が剥き出しになっているが、キンジャールの場合は搭載機が高速で飛翔中、エンジンノズルを保護するように設計された小型の尾翼付きの特別な筒（スタブ）がある。

キンジャールを搭載するＭｉＧ‐31は、前述の通りＭｉＧ‐31ＢＭ迎撃機10機を改造したＭｉＧ‐31Ｋ（ＭｉＧ‐31ＢＰ）だったが、このＭｉＧ‐31Ｋについてロシアのイズベスチャ紙（2018/5/22）は、「10機の改造されたＭｉＧ‐31Ｋは、アクトゥビンスク（アストラカン地域）に拠点を置いている」「ＭｉＧ‐31ＢＭ迎撃機の性能を支える『ＺＡＳＬＯＮ‐ＡＭ』レーダーは、ＭｉＧ‐31Ｋでは取り外され、（ＭｉＧ‐31Ｋは）迎撃機から攻撃機に変わった」と報じている。さらに記事には「（レーダーを外したことにより）燃料供給が増加し、パトロール時間が長くなった。新しい兵器（筆者注：キンジャー

MiG-31の胴体下中央部分に搭載されたKh-47M2キンジャール（写真：鈴崎利治）

ル）を制御するためのシステムが、そこ（レーダーがあった場所）に設置され、標的を指定する信号を受信するため、コックピットは新たに再設計された」とある。

キンジャールを発射する際、標的を指定する信号を受信したMiG‐31Kは、キンジャールを吊り下げたままマッハ2・3以上に加速し、高度1万2000〜1万5000メートルに上昇する。そして、MiG‐31Kから投下されたキンジャールは、噴射口を覆うスタブを切り離して噴射を開始、マッハ4まで急速に加速、さらにキンジャール噴射口に突き出したベーンやX字翼を使って機動し、敵の防空システムを回避しながら、最高速度マッハ10に達する。

キンジャールの飛翔中の最高高度は30キロメートルとされているが、日米のイージス艦に搭載される弾道ミサイル迎撃用のSM‐3迎撃ミサイルが、空気の薄いところ（高度70キロメートル以上）でしか迎撃実績がなく、米陸軍のTHAAD迎撃ミサイルも迎撃高度が約40〜150キロメートルとされていることを考えると、キンジャールの低い飛行高度そのものもミサイル防衛回避に都合がいい、と言えるかもしれない。[※4]

キンジャールはMiG‐31Kからの発射では「2000キロメートル以上離れた標的を高精度で攻撃」（前出記事）することも可能とされ、この能力から、〝空母キラー〟と呼ばれることもある。また、MiG‐31Kは2018年以降MiG‐31BRに改称された、とも報じられているが、名称の変更だけなのか、それとも更に変更点があるのか、詳細は不明である。

また、キンジャールはMiG‐31だけでなく、Tu‐22M3バックファイア爆撃機からの発射も可能で、その場合、射程は3000キロメートルを超えるともされている。

※4 https://rg.ru/2018/07/18/kakie-vozmozhnosti-otkryli-giperzvukovye-rakety-kinzhal.html

ロシア・極東、カムチャツカ半島のペトロパヴロフスク・カムチャツキーのエリゾヴォ飛行場に駐留するロシア太平洋艦隊第317混合航空連隊は、Il‐38哨戒機やヘリコプターを中心とする航空部隊であったが、2020年、MiG‐31BM迎撃機の配備も開始された、と報じられている。そしてこの部隊に、キンジャール搭載用のMiG‐31K攻撃機が配備された可能性も報じられている。[※5]

北海道に近いカムチャツカ半島のペトロパヴロフスク・カムチャツキーと北海道の距離は約1500キロメートル、Kh‐47M2キンジャール極超音速ミサイルの射程2000キロメートルより物理的には短くなっており、ミサイル防衛での防御が難しいキンジャール空対地／空対艦極超音速ミサイルを搭載したMiG‐31K攻撃機が配備されるなら、日本としても気掛かりなことになるかもしれない。

ところで、ロシアでは、第5世代機にあたるSu‐57ステルス戦闘機用の空対地極超音速ミサイル・プロジェクトも報じられている。「ロシアの軍事産業複合体の企業は、Su‐57戦闘機機内搭載のための小型の空対地極超音速ミサイルのプロトタイプを作成した」「(Su‐57機内に) 搭載する予定なのは (MiG‐31K搭載用の) キンジャール極超音速ミサイルに似た特性を備えたミサイル」(タス通信 2020/2/23) というものだ。名称は「グレムリン」とも報じられているが、キンジャールのような性能だとすると、空中発射弾道ミサイルにも分類されるミサイルとなるかもしれないが、現段階では詳細は不明だ。

機内搭載が強調されているのは、Su‐57のステルス性能を毀損することがないようにするとい

※5 https://defence-blog.com/news/russian-navy-arms-its-mig-31-fighters-with-kh-47m-hypersonic-missiles.html

うことだろう。Su-57のように運動性能の高いステルス機から、地上攻撃用の極超音速ミサイル、または「空中発射弾道ミサイル」が発射されるなら、米国及びその同盟国にとっては、極めて難しい事態かもしれない。

ふたつの極超音速ミサイル

西側諸国のBMDをかわす極超音速滑空体ミサイルと極超音速巡航ミサイル

繰り返しになるが、弾道ミサイル防衛（BMD）の前提は、標的となる弾道ミサイル、またはそれから分離した弾頭が、単純な弾道（楕円）軌道を描いて、未来位置がある程度割り出せることだ。未来位置が予測できれば、迎撃ミサイルをその予測される位置に誘導、最終的には迎撃ミサイル自体のセンサーで、敵弾道ミサイルやその弾頭を捕捉・撃墜することを目指す。しかし標的の弾道ミサイル／弾頭が、弾道（楕円）軌道とかなり異なる、不規則な飛び方をすれば、その前提に当てはまらなくなってしまうだろう。

ロシアが弾道ミサイル防衛（BMD）突破を意図して開発したとみられる兵器は、イスカンデルM／9M723ミサイルや、その空中発射型キンジャールだけではない。

第1章で記述したとおり、空気鉄砲で丸めた紙玉ではなく紙飛行機を打ち出せば、滑空するので飛距離は延び、さらにその翼を動かせば単純な楕円（だえん）の一部である弾道軌道にはならないはずだ。このようにロケットで打ち上げて、マッハ5以上の速度で滑空するグライダー（滑空体）のような飛翔体を使用するミサイルを『極超音速滑空体ミサイル』という。

また、紙飛行機のように滑空するだけではなく、それ自身に推進力があり何らかの形で向きを変えたり出来る飛翔体をロケットで打ち上げられれば、単純な弾道を描かないだけでなく、機動性も高くなるかもしれない。

ロケット・エンジンやロケット・モーターなどで高速で打ち上げられ、さらに推進力を得るのにマッハ4以上の速度に適しているとされるのが、ジェット・エンジンの一種、「スクラムジェット」で、これを使用する極超音速ミサイルを「極超音速巡航ミサイル」という。

「スクラムジェット」とは？　聞き慣れない言葉と思う人もいるだろう。

一般に、ジェット・エンジンと呼ばれるのは、ターボジェットやターボファンエンジンと呼ばれるものだ。前方から吸い込んだ空気を回転するファンで圧縮し、それを燃料と混合して燃焼させ、推進力を得るのだが、これに対し、スクラムジェット・エンジンを装備した飛翔体は、まず、空気抵抗を減らすように空気取り入れ口を閉じたまま、ロケットモーターやロケットエンジンで打上げ、充分に加速されたあと、ロケット部分から切り離される。切り離された飛翔体は、空気取り入れ口を開き、高速（超音速）で流入する空気を、ファンではなく流入する空気の通路を狭くすることで空気流を圧縮、燃料の燃焼を行い噴射・加速する。スクラムジェットがマッハ4以上の速度に適しているとされるのはそのためだ。実際の極超音速巡航ミサイルのスクラムジェット飛翔体は、スクラムジェットを起動させる前に、ロケットによる加速でマッハ5以上の極超音速に達している可能性も高い。

そうして、マッハ5以上の速度で、機動しながら飛翔する極超音速滑空体ミサイルや極超音速巡航ミサイルであれば、前述のようにＢＭＤ（弾道ミサイル防衛）を避けながら、標的を目指すことも可能になるということだ。

また、極超音速滑空体ミサイルや極超音速巡航ミサイルは、打ち上げ後にロケット部分から切り離された後はくねくねと機動しながら飛ぶので、ミサイルの未来位置の予想が難しく、最終的に何処が狙われているのか、狙われた側が判定するのが難しく、警報を出すのも難しくなるかもしれない。

米国をはじめとする西側のＢＭＤ（弾道ミサイル防衛）をかわせるミサイルとして、ロシアは、①不規則な軌道で飛ぶ地上発射・空中発射弾道ミサイルや、②極超音速滑空体ミサイル、それに③極超音速巡航ミサイルの開発・配備を進めている。

ロシアで開発が進む極超音速ミサイル・プロジェクト

では現在ロシアは、具体的にどんなミサイルのプロジェクトを進めているのだろうか。

ロシアのプーチン大統領は２０１８年３月１日の年頭教書演説で、自らテレビカメラの前に立ち、映像やCGを駆使して大型ICBM（大陸間弾道ミサイル）RS‐28サルマートや原子力巡航ミサイル＝プレヴェストニク、原子力推進核魚雷ポセイドン等とともに、前述の空対地極超音速弾道ミサイル・Kh‐47M2キンジャール、それに、ICBM搭載用極超音速滑空体アヴァンガルド等のプロジェクトを紹介した。

1．極超音速滑空体「アヴァンガルド」

アヴァンガルドは、大陸間弾道ミサイル（ICBM）搭載用で、核弾頭内蔵が前提の極超音速滑空体（HGV：*Hypersonic boost-Glide Vehicle*）だ。米オバマ政権は、〝究極の核廃絶〟のためにICBM級射程の極超音速兵器を開発しようとしていたが失敗。ロシアのプーチン政権は、極超音速〝核兵器〟のプロジェクトに乗り出していることを大統領自らが、2018年3月の年頭教書演説で明らかにしていた。

　ではこの極超音速滑空体（HGV）とは、何か。米国防省によれば「極超音速滑空体（HGV）は、弾道ミサイルによって発射される新しいタイプの飛翔体として開発されている。HGVは、極超音速（マッハ5以上）で飛翔し、飛行のほとんどを通常の弾道ミサイルよりもはるかに低い高度で飛び、機動することが可能な飛翔体である。高速で、機動性があり、比較的低い高度で飛翔するという組み合わせは、ミサイル防衛システムに挑戦する標的になる。ロシアは2019年に世界初のHGVを配備し、中国も2019年にHGVを搭載したミサイルを公表した。……極超音速滑空体（HGV）は、ミサイル防衛システムに新たな課題をもたらす新たな脅威だ[※6]」とい

※6　Ballistic and Cruise Missile Threat 2020、2021/ 1/11

うものだ。
　ロシアの極超音速〝核〟滑空兵器の研究は、ソビエト時代にまで遡る。ソビエトは１９８３年にレーガン米大統領が戦略核ミサイルを迎撃するＳＤＩ構想を打ち出したのに対し、１９８５年から米国のＳＤＩ構想で開発される迎撃システムを突破・回避できる核弾頭運搬手段を開発するため、極超音速滑空兵器構想をスタートさせた。これにおける試験では、マッハ５以上の極超音速飛行を達成したと伝えられているが、１９９０年のソビエト崩壊でその構想はいったん頓挫した。[※7]
　しかし１９９０年代半ばに、ロシアは「プロジェクト４２０２」という名前で極超音速滑空兵器のプロジェクトを再開し、２０１８年までにアヴァンガルドの飛行試験が約14回あったと伝えられている。

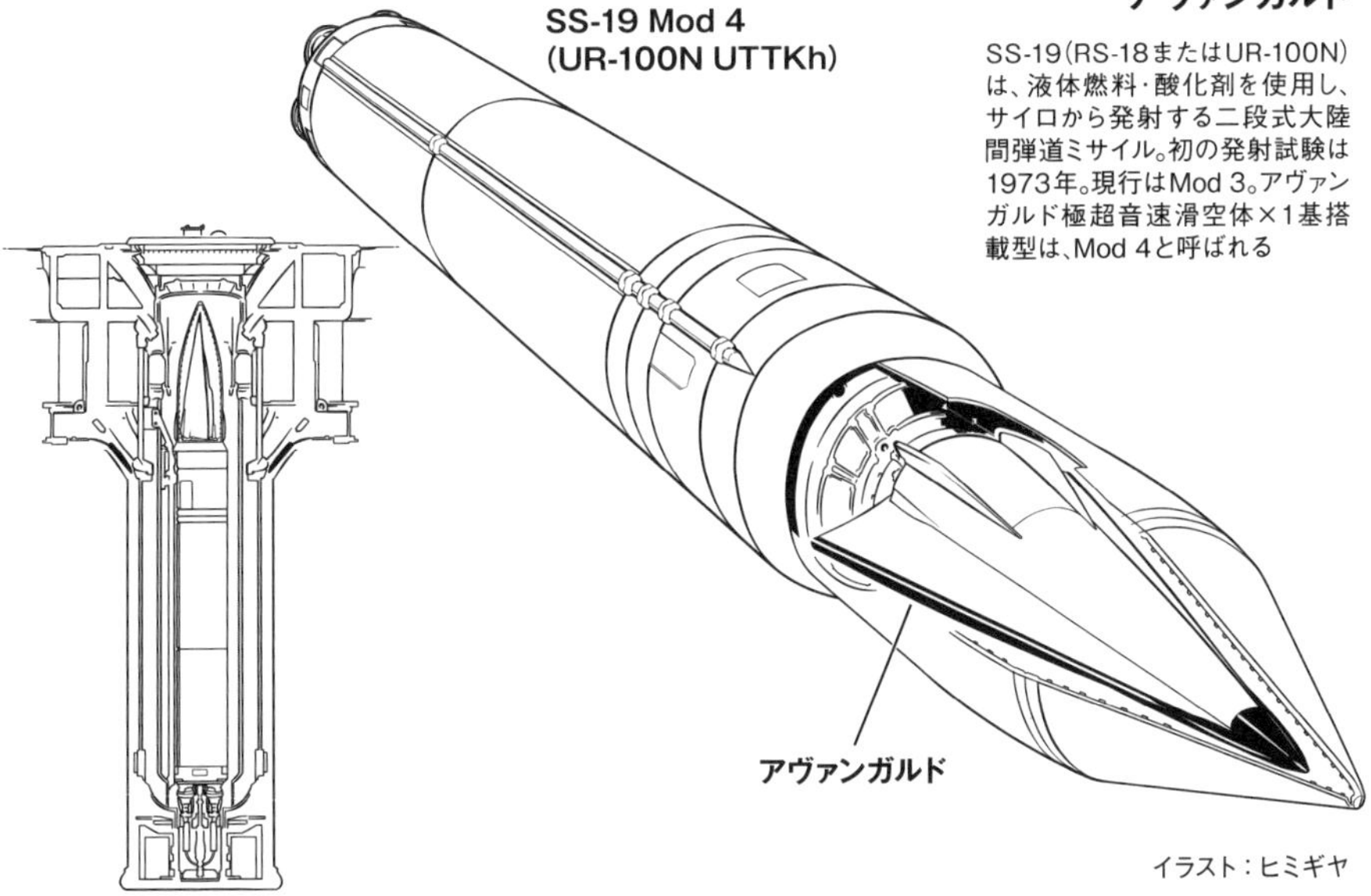

アヴァンガルド

SS-19（RS-18またはUR-100N）は、液体燃料・酸化剤を使用し、サイロから発射する二段式大陸間弾道ミサイル。初の発射試験は1973年。現行はMod 3。アヴァンガルド極超音速滑空体×1基搭載型は、Mod 4と呼ばれる

イラスト：ヒミギヤ

※7　https://tass.com/defense/1209209 http://www.nids.mod.go.jp/publication/kiyo/pdf/bulletin_j19_1_2.pdf

発射試験用のアヴァンガルドを搭載したとされるサイロ発射型大陸間弾道ミサイル、SS－19（RS－18／UR－100N UTTKh）の発射映像をロシアは公開しているし、2019年12月に実戦用アヴァンガルド1発を搭載したとする大陸間弾道ミサイルSS－19×2基をドンバロフスキーの第13ミサイル師団（4個連隊編成）の内の1個連隊（第621連隊）に配備したとされている。

そして「（ロシアの）戦略ロケット軍の2つのミサイル連隊は、2027年までにそれぞれ6発のアヴァンガルド・システムを装備する」[※8]見通しと報じられている。

ちなみに、SS－19（UR－100N）大陸間弾道ミサイルの最初の実用タイプはソビエト時代の1980年に就役したとされており、このSS－19は2段式の液体推進式のミサイルで、従来からMod1とMod2という二つのバージョンが知られていた。最大直径はどちらも2・5メートルだが、Mod1というバージョンでは全長24メートル、一方のMod2では24・3メートルと少し長くなっている。この差は最大射程の違いに現れていて、Mod1では9000キロメートルとされるのに対し、Mod2では1万キロメートルと言われている。Mod1もMod2も、MIRV（個別誘導複数再突入体）化した核弾頭（600キロトン、500キロトン、750キロトン）6個を搭載するミサイルだったが、CEP（半数必中界）は、Mod1で550メートル、Mod2で900メートルとされていた。このミサイルが、全長24・5メートル、直径2・9メートルのキャニスターに装填されており、サイロにはこのキャニスターごと挿入される。

これに対して、アヴァンガルドを搭載したSS－19について、2021年1月に米国防省の「国

※8　Russian nuclear forces, 2020（Bulletin of the Atomic Scientists）2020/3/9

防情報弾道ミサイル分析員会」が発表した「Ballistic and Cruise Missile Threat 2020」報告では、SS‐19 Mod4と呼んでいる。そして射程については「10000＋km」と記述している。アヴァンガルド極超音速滑空体搭載によって射程が延びるということかもしれない。配備数については「10未満」となっている。

アヴァンガルド極超音速滑空体の形状が判る実際の映像や画像は、2021年1月現在でもほとんどない。しかし、2018年の年頭教書演説でプーチン大統領が示したCGをはじめとする一連のロシア政府が公表したCGでは、平べったい三角形の飛翔体が、敵の防空網をかわしながら飛翔する様子が映し出されている。このアヴァンガルドに内蔵される核弾頭について、ロシアのメディアは「800キロトン〜2メガトンで、その威力は第二次世界大戦で広島に投下された原爆リトル・ボーイの約130倍に相当」[※9]と報じている。

極超音速滑空体の場合、飛翔経路のほとんどで推進のための噴射がなく、飛翔が低ければ大気圏再突入もないことになる。そのためなのか、弾道ミサイルに比べて熱の発生が少なく、極超音速滑空体兵器についての米議会調査局報告「Hypersonic Weapons：Background and Issues for Congress」（2019/9/17）は「極超音速の標的は、米静止軌道衛星（＝早期警戒衛星SBIRS‐GEO及びDSP）によって、普段、追尾している対象よりも10〜20倍暗い」との米国防省高官の見解を紹介している。

つまり極超音速滑空体は、弾道ミサイルの弾頭より低く飛ぶ上、赤外線センサーを搭載して弾道ミサイルの発射を監視している早期警戒衛星での追尾が難しい、ということになるのである。

※9　RIAノーボスチ通信 2018/12/18

2. 極超音速巡航ミサイル「ジルコン」

次にスクラムジェットを使用する極超音速ミサイル兵器だが、そもそもスクラムジェットとは、前述の通り超音速、特にマッハ4以上の速度に適したエンジンで、起動する前に空気取入口を開き、その際は空気が高速で吸入できる状態になっている必要があるとされている。そのためスクラムジェットを起動する前に、ロケットモーターやロケットエンジンで充分、加速する必要があるのだろう。

ロシアで、スクラムジェットを使用する極超音速巡航ミサイルといえば、3M22ジルコン（SS-N-33）がある。ロシア海軍の艦載用極超音速巡航ミサイルである3M22ジルコンは、最初、固体推進ロケットで発射・加速し、充分な速度を得られるとロケット部分を切り離してスクラムジェットを使用し、最高速度マッハ9級で飛翔するとされる。

ロシア海軍は2015年から2018年までに10回以上、この3M22ジルコンの発射試験を繰り返しており、[※10] 20年1月上旬にも、アドミラル・ゴルシコフ級フリゲートからの試射を実施。バレンツ海から北ウラル山脈の演習場の標的に向けて、500キロメートル以上を飛翔したと伝えられている。[※11] 3M22ジルコン極超音速巡航艦対艦／対地ミサイルの航

アドミラル・ゴルシコフ級フリゲートからの3M22ジルコン発射試験の様子（写真：ロシア国防省）

※10 タス通信 2020年3月25日
※11 タス通信 2020年2月27日

続距離は低空飛行で500キロメートル、半弾道軌道で750キロメートルと推定されているが、プーチン大統領自らの説明(2019/2/20)によれば、最大速度はマッハ9、射程は1000キロメートル以上となっている。核弾頭搭載可能かどうかは不明。[※13]

またロシア海軍では、プーチン大統領の68歳の誕生日にあたる2020年10月6日、北方艦隊のフリゲート「アドミラル・ゴルシコフ」が、3M22ジルコンを白海からバレンツ海にあった距離450キロメートルの海上標的へ発射し、ミサイルは最高高度28キロメートル、マッハ8以上の速度に達して、飛翔時間4分半で目標へ命中した、と伝えている。[※14] さらに2020年11月には、同じく北方艦隊の「アドミラル・ゴルシコフ」が、白海からバレンツ海へ向け、450キロメートル離れた標的へジルコンの試験発射を実施。この時の試験においては、ジルコンの飛翔速度はマッハ8を超え、標的は成功裏に撃破されたとある。この発射試験実施のためにバレンツ海の海域は閉鎖され、ロケット巡洋艦「マーシャル・ウスチーノフ」とフリゲート「アドミラル・カサトノフ」を含む北方艦隊部隊が参加した[※15]と報じられていた。

このように、近年ロシアでさかんにフリゲートからの発射試験が行われている極超音速巡航ミサイル、ジルコンは、何を標的とするミサイルなのか。

これらの発射試験の際のことであったかどうかは不明だが、ジルコンの発射試験の標的については、「空母を模倣した洋上の標的や模擬戦略目標を標的にする」[※16]との報道もあった。つまり、米海軍の戦略単位である米空母打撃群ばかりでなく、この「戦略標的」は地上の重要目標も含ま

※12 MDAA：https://missiledefenseadvocacy.org/missile-threat-and-proliferation/todays-missile-threat/russia/3m22-zircon/
※13 MDAA：https://missiledefenseadvocacy.org/missile-threat-and-proliferation/todays-missile-threat/russia/3m22-zircon/
※14 タス通信 2020年11月7日　※15 タス通信 2020 年11月26日　※16 タス通信 2020年10月9日

れるのかもしれない。

では最大射程1000キロメートルのジルコン極超音速ミサイルを装備するフリゲート「アドミラル・ゴルシコフ」は、どのように目標を〝照準〟するのかというと、ロシアのメディアは、プロジェクト885型ヤーセン級攻撃型原子力潜水艦が〝敵〟を検出し、アドミラル・ゴルシコフに標的指示を与える、と報じていた。※17 これが正しいとすれば、ヤーセン級攻撃原潜は、どのように〝敵〟を検出し、数百キロメートル離れたフリゲートに伝達するのか。前記の記事は詳細に触れていないが、ヤーセン級原潜は探知距離70キロメートルとも言われるMGK-600ソナーや海面捜索用のIバンドレーダー、衛星通信装置などを備えているため、海中から捕捉した海上や地上の〝敵〟の位置・動き情報を衛星経由で、3M22ジルコンを装備した水上艦にニア・リアルタイムで伝達するのも不可能ではないかもしれない。

では潜水艦で索敵し、水上艦がそのデータに基づいてジルコン極超音速巡航ミサイルを発射するのであるなら、潜水艦から直接、発射する可能性はないのかといえば、ロシア海軍は、水上艦だけでなく潜水艦からも発射することを意図しているようだ。

ジルコンの発射装置である3S-14発射装置は、ヤーセン級潜水艦にも装備されるので、ヤーセンM（プロジェクト885M）級攻撃型原潜の「カザン」（K561）では、2020年6月時点で、ジルコン極超音速ミサイルの搭載、管制等、受け入れのための試験が実施されている。ジルコンの発射試験が実施され成功した場合、同巡航ミサイル原潜は、将来、ロシア北方艦隊に配属される見通しだと報じられていた。※18

※17 イズベスチャ 2020年12月17日
※18 Navy Recognition 2020/6/18

このほかにも、すでに近代化工事を終了していると思われるウダロイ級駆逐艦「マーシャル・シャポニコフ」、オスカーⅡ級巡航ミサイル原潜「イルクーツク（K132）」（2022年近代化工事終了予定）などが3M22ジルコン運用可能艦になり、ロシア海軍に引渡される予定と報道されている（後述）。[19]

3M22ジルコン極超音速ミサイルの実戦配備は2023年から始まり、むろん先に述べたようにアドミラル・ゴルシコフ級フリゲート（22350型および22350M型）にも搭載予定とされている。その「アドミラル・ゴルシコフ」の試験発射では3S-14艦載垂直発射機（UMSK）から発射されたとみられているが、3S-14発射機は多様なミサイルを装填できる垂直発射機で、ゴルシコフの他、プロジェクト20380コルベット、ヤーセン級潜水艦にも装備される。さらに、キーロフ級原子力巡洋艦「アドミラル・ナヒモフ」も、ジルコンが搭載可能となる3S-14UKSK-Kh垂直発射装置を装備している。他に、キーロフ級巡洋艦「ピョートル・ヴェリーキイ」、ヤーセン級原子力潜水艦、LIDER級原子力巡洋艦や、ヤーセン級原潜「カザン」などからもジルコンの発射試験が実施される見込みと伝えられている。[20]

そして前述のウダロイ級駆逐艦「マーシャル・シャポニコフ」、オスカーⅡ級巡航ミサイル原潜「イルクーツク」のどちらもロシア太平洋艦隊所属艦であるということは、日本としては気掛かりなことになるかもしれない。

基準排水量4550トンのアドミラル・ゴルシコフ級フリゲートは、8隻建造される計画だが、太平洋艦隊と北方艦隊に3隻、黒海艦隊に2隻配備され、太平洋艦隊の3隻には、いずれもジル

※19 タス通信 2019年11月8日
※20 タス通信 2019年3月20日

コンが搭載される見通しであり、ロシア太平洋艦隊への配備は、1隻目の「アドミラル・アメルコ」が2023年に、残り2隻は2025年までに配備される見通しと伝えられている。[※21]

またロシア海軍は、満載排水量2235トンのストレグシュチィⅡ／グレミャーシュチイ（プロジェクト20385）級フリゲートにカリブル巡航ミサイル8発（8セル）搭載用のUKSK発射装置を搭載しているが、「ジルコンがオプションのリストに追加された」うえで、同型艦の「グレミャーシュチイ」と「プロヴォーカルヌイ」の「2隻が2019年中に太平洋艦隊で就役[※22]」するとの見方が伝えられていた。さらに、満載排水量3400トンとされるマーキュリー（プロジェクト20386）級も対艦巡航ミサイル8発が「搭載可能なので、ジルコンも搭載可能[※22]」との見方も記述されている。マーキュリー級は10隻建造される予定なので、ロシア太平洋艦隊に配属される可能性も高いかもしれない。

こうしてみると、ロシア太平洋艦隊の水上艦の中でも、満載排水量2000トン級と、どちらかというと大きいとは言い難いフリゲートの、少なくとも5隻が数年以内に極超音速ミサイルを装備する可能性があるということだ。

前述の通り、ジルコンの発射試験を実施するとみられている巡航ミサイル原潜K‐561「カザン」は、ロシア北方艦隊に所属する可能性もあるが、「ジルコンはまた、最新の巡航ミサイル潜水艦であるK‐561カザンによって運用される予定で、これも太平洋艦隊に加わる[※23]」との見方もある。「カザン」は、ヤーセンM（プロジェクト885M）級原潜の1隻だが、ヤーセンM級原潜には、SS‐N‐30カリブル巡航ミサイルやSS‐N‐27対艦ミサイル32発を装填できる

※21 Naval News 2020年6月16日

※22 フォーブス誌、2019年11月5日

※23 フォーブス誌、2019年11月5日

3S‐14垂直発射装置を装備しているため、同級は、前述のミサイルとジルコン極超音速ミサイルを混載することが可能になるかもしれない。

また、ロシア太平洋艦隊のオスカーⅡ（プロジェクト949A）級巡航ミサイル原潜は、前述のイルクーツク（K132）の他に、チェルヤビンスク（K442）、トヴェリ（K456）は2017年頃から、SS‐N‐27A（3M54カリブル）対艦巡航ミサイル、SS‐N‐30A（3M‐14カリブル）地上攻撃用巡航ミサイルが運用可能なように改修されていた。[※24] 改修で、カリブル巡航ミサイルだけでなく、ジルコン極超音速巡航ミサイルも搭載可能になる3S‐14垂直発射装置等が装備されるなら、ロシア太平洋艦隊の将来として、こちらも気掛かりな存在になりそうだ。

ところで、オスカーⅡ級原子力潜水艦の中の1隻、「イルクーツク（K‐132）」は、前述の通り太平洋艦隊所属で、長期的にはカリブル‐PLおよび／またはオニックス・ミサイルを、そして将来は3M22ジルコン極超音速ミサイルも運用可能になる見通しであることはすでに記述した通りだが、この「イルクーツク」は2023年頃に太平洋艦隊に復帰の見込みなので、[※25] ロシア太平洋艦隊には、ジルコン極超音速ミサイル搭載能力のある潜水艦が2023年頃に配備されるかもしれない、ということだ。

このようにロシアは、ICBMに搭載する極超音速〝核〟滑空体「アヴァンガルド」を搭載したSS‐19 Mod4を10発未満配備しており、地上発射の変則軌道で飛翔する弾道ミサイル9M723の移動式発射機を約140両配備。変則軌道で飛翔する空中発射型弾道ミサイルKh‐

※24 Jane's Fighting Ships 2017～18

※25 タス通信2020年9月25日

47M2を搭載可能なMiG‐31K、または、MiG‐31BRも、10機存在する(Tu‐22M3爆撃機も同じミサイルを運用できるとされているが、約60機存在するTu‐22M3のうち、何機がKh‐47M2に対応しているのかは不明だった)。そして最新鋭ステルス機Su‐57用にも、空中発射弾道ミサイル開発計画があるということだ。さらにロシア海軍は、水上艦からも、巡航ミサイル原潜からも発射可能な3M22ジルコンの発射試験を繰り返しており、その配備はロシア太平洋艦隊を含めて、数年以来に始まる見通しだとのことだ。

ロシアの極超音速兵器の実用化は待ったなし、なのだ。

第3章

アメリカの極超音速兵器プロジェクト

２０２１年１月現在、米軍に実用化した極超音速ミサイルはない。開発途上のモノばかりである。つまり、極超音速ミサイルという兵器の分野では、すでに開発どころか、配備も始めているロシア・中国とギャップがある。さらに、極超音速兵器の開発方針にも大きな差がある。

「（ロシア・中国には）多数の極超音速兵器プログラムがあり、２０２０年には早くも核弾頭を装備可能な実用的極超音速滑空飛翔体を配備することが予想されている。ロシアや中国のものとは対象的に、米国のたいていの極超音速兵器は、核弾頭を使用するように設計されていない。その結果、米国の極超音速兵器は、核武装した中国やロシアのシステムよりも高い精度を必要とし、開発が技術的に困難になる可能性がある」[※1]というのである。核兵器なら、地下も含め、広い範囲を破壊できるのに対し、米国の極超音速兵器計画は、〃非核兵器〃なので、標的にピタリと当てる必要があり開発が難しい、というのである。

米国防総省は２０１８年に、米海軍、米陸軍、米空軍共通の極超音速滑空体、Ｃ‐ＨＧＢ（*Common- Hypersonic Glide Body*：共通―極超音速滑空体）を米海軍主導で開発することを決定。米海軍はＣ‐ＨＧＢをヴァージニア級ブロックＶ潜水艦搭載用のＣＰＳ（*Conventional Prompt*

※1　米議会調査局報告「Hypersonic Weapons：Background and Issues for Congress」2020/12/01

Strike：通常即時打撃）プログラム、米陸軍はＬＲＨＷ（*Long-Range Hypersonic Weapon*：長距離極超音速兵器）システム、米空軍はＨＣＳＷ（*Hypersonic Conventional Strike Weapon*：極超音速通常打撃兵器）に使用する計画だったが、ＨＣＳＷ計画は、２０２１会計年度予算で米空軍の計画から潰えた。その代わりに米空軍は、戦術ブースターで加速したあと切り離す、ＡＧＭ－１８３Ａ ＡＲＲＷをすすめることになった。

つまり米軍では、海軍、陸軍、空軍で、極超音速兵器のプロジェクトが複数、並行して実施されていることになる。

共通‐極超音速滑空体 Ｃ‐ＨＧＢ

海軍が主導で開発する陸海空軍共通の極超音速滑空体計画

では、米海軍が開発を主導するＣ‐ＨＧＢ極超音速滑空体とは、どんな飛翔体なのか。

２０２０年３月19日午後10時30分（現地時刻）、ハワイ・カウアイ島のＰＭＲ（太平洋ミサイル射場）から、米軍は２０１７年以来となる２回目の発射試験を実施した。

この試験の際に使用されたブースターは「改造ポラリスＡ３」と報じられているが[※2]、これはか

※2　USNI News 2020/3/20

アメリカの極超音速兵器開発計画

（米議会報告「Hypersonic Weapons: Background and Issues for Congress」2020年12月1日）

担当	プロジェクト	
米海軍	CPS （中距離通常弾頭即時打撃兵器）	全軍共通極超音速滑空体弾頭（C-HGB）使用。 潜水艦発射用中距離通常弾頭兵器。 2020年、2022年に飛行試験。 2024年1月までプロトタイプ開発を継続
米陸軍	LRHW※ （長距離極超音速兵器）	二段式ブースター＋共通極超音速滑空体弾頭（C-HGB）。 射程1,400マイル（約2,240㎞）。 「敵の長距離火力を牽制し、A2AD（接近阻止・領域拒否）を打ち負かす」。
米空軍	AGM-183A　ARRW （空中発射即応兵器）	空中発射。 搭載候補：B-52H、B-1B爆撃機、F-15EX戦闘攻撃機。 射程575マイル（約920㎞）。 2022会計年度に飛行試験終了見込み。
DARPA	TBG（戦術ブースト滑空）	マッハ7以上を目指すクサビ形状極超音速滑空体。 空軍機及び米海軍VLS発射機用
DARPA	OpFires※	TBG技術を活用する地上発射型システム。 2020年に初の発射試験見込み。 敵の防空システムを貫き、敏感な目標に迅速かつ正確に関与する。 米陸軍のLRHW/AURとなる。
DARPA	HAWC （極超音速大気吸入式兵器コンセプト）	空中発射極超音速巡航ミサイル。 米空軍用⇒米海軍用？
DARPA	HCSW （極超音速通常弾頭打撃兵器）	B-52爆撃機搭載、個体推進GPS誘導兵器。 滑空弾頭の構成はC-HGBと70％共通。 2020会計年度に開発レビュー見込み。

※地上発射INF射程兵器

つての潜水艦発射弾道ミサイル、ポラリスA3ベースの「STARSシステム」を使用した可能性が高い。従ってC-HGBは、前回の飛翔試験でもロケット部分から切り離される段階で、弾道ミサイルならば4600キロメートル前後の飛翔が可能なエネルギーを確保していたかもしれない。

極超音速飛翔体にはこの他に、極超音速で飛翔するが故の問題も存在する。

一般論だが、大気中での高速飛行――マッハ1以上で移動する飛翔体は、空中に衝撃波を発生させる。衝撃波が強ければ、空気が圧縮・加熱され、飛翔体周囲の空気が電離してイオン化するプラズマ（荷電粒子を含む気体）という現象が発生しうる。さらにマッハ8～15での大気圏再突入で[※3]、プラズマが飛翔体の周りを包む状態になる（ただし、極超音速飛翔体の進行方向と真逆の方向では、プラズマの影響がどうなるか、筆者には不明である）。プラズマに包まれる側面では、宇宙船の大気圏再突入時に起きるような現象、外からの電波を反射し、通信途絶（ブラックアウト）が起きるため、GPS（全地球測位システム）信号の受信及び、飛翔体の操舵を外からの通信・指示によって行うことは難しくなるかもしれない。このため、極超音速の飛翔体に機動性を発揮させるためには、操縦翼を動かすハードウエアを発射前にプログラムした方が容易ということに

2020年3月19日のC-HGB発射試験（写真：US Navy）

※3 MIT Technology Review https://www.technologyreview.com/2011/01/05/197773/russian-physicists-solve-radio-black-out-problem-for-re-entering-spacecraft/

なるだろう。前述の2020年3月の試験の結果について、飛翔距離や最高速度、軌道等は2021年1月現在も筆者には不明であるが、ライアン・マッカーシー陸軍長官（当時）は同年10月13日、C‐HGBは「標的から6インチ（＝15・24センチメートル）以内に的中した」と発表している。※4 C‐HGB極超音速飛翔体が、2020年の発射試験で、飛距離も軌道も速度も不明とは言え、偶然ではなく、ある程度の必然性をもって、6インチ以内の着弾という結果になったのなら、飛翔・滑空途中に何らかの手段で〝補正〟が実施された可能性を示唆しているのかもしれない。

どうしてこのようなことが可能になったのかわからないが、前述の、極超音速飛翔体はプラズマに包まれるという問題も、何らかの手段、例えば、進行方向と真逆の後方にGPS信号等の受信部を設けた可能性などもあるのかもしれない。

いずれにせよ、6インチ以内ということの弾着精度は、前述の議会調査局報告が示していた「(米国の）極超音速兵器は、核弾頭を使用するように設計されていない。その結果、米国の極超音速兵器は、核武装した中国やロシアのシステムよりも高い精度を必要とし、開発が技術的に困難になる」という懸念解消に繋がるかもしれない。

1．米海軍の極超音速兵器プロジェクト
——原潜、イージス艦、空母搭載機などに搭載

米海軍は、2021会計年度予算の「長距離極超音速打撃能力の開発」という項目で、CPS

※4　米Defense News 2020/10/13

（通常即時打撃）とＳＭ‐６ブロック１Ｂミサイルをあげている。

ＣＰＳ（通常即時打撃）

米海軍は、戦略核兵器の〝非核化〟にあたって、まずは、戦略ミサイル原潜オハイオ級に搭載するトライデントⅡ戦略弾道ミサイルの核弾頭に代わる非核弾頭を搭載するトライデント（ＣＴＭ：*Conventional Trident Modification*）計画に手を付けたが、その技術上の前提は、トライデントⅡミサイルの再突入弾頭の弾着精度だった。

トライデントⅡ（Ｄ５）潜水艦発射弾道ミサイルに搭載する核弾頭を内蔵するMk.５再突入体は、最大射程６４００キロメートル以上で、慣性測定装置（ＩＭＵ）誘導システムをＧＰＳと統合したうえで、フラップを使用する操向装置を使って、意図した固定標的から10メートル以内を攻撃する精度とみなされていた。このような精度を前提に、米海軍は、トライデントの非核バージョンのミサイル（ＣＴＭ：通常［＝非核］トライデント・ミサイル）を構想した。

ＣＴＭは、トライデントⅡ戦略潜水艦発射弾道ミサイルの弾頭を非核化するミサイル構想で、二種類の弾頭が検討され、２００９会計年度予算で米海軍は、「*Medium Lift Reentry Body*（ＭＬＲＢ）」という弾道ミサイル用の通常弾頭の再突入体予算を要求した。ＭＬＲＢは、内蔵したタングステンのロッドを２７８平方メートルに雨のように降らせて、飛行場や軍の基地を破壊するように設計されていた。もう一種類は、地下のバンカーや強化コンクリート施設を破壊するものだった。米海軍の運用構想では、オハイオ級ミサイル原潜に、１発あたり通常弾頭×４個を搭載したCTMを2発搭載、残り22発はトライデントⅡ核ミサイルのままにしておくというもので、このようなCTM搭載オハイオ級戦略ミサイル原潜を太平洋、大西洋にそれぞれ2隻ずつ配備するというものだった。しかし、議会が予算を認めなかったため、CTM計画は頓挫した。

次に構想されたのが、潜水艦発射中距離弾道ミサイル（SLIRBM：*Submarine Launched Intermediate Range Ballistic Missile*）であった。これは2003年から研究が始まり、2005年にはこのミサイル用のロケット・エンジンの地上での固定噴射試験が実施された。このミサイルは、ペイロード900＋キログラム、最大射程2400＋キロメートルで、発射から15分程度で、標的から5メートル未満に着弾することを目指していた。この計画では、弾頭には前述のMLRBを使用することもあった。このミサイルの再突入体には、核弾頭でも非核弾頭でも搭載可能とされ、トライデント・ミサイル用のチューブにSLIRBMを2から3発搭載可能で、22本のチューブにSLIRBMを搭載した場合、オハイオ級ミサイル原潜1隻で最大66発を搭載できると見込まれていた。さらに、射程3200〜4800キロメートルの潜水艦発射世界規模打撃ミサイルも構想されたが、2008会計年度に、米国防総省は、当時オバマ政権が打ち出していた戦略核兵器の非核化を目指すCPGS（世界規模即通常打撃）構想に基づく兵器開発の予算を一本化。米海軍としてのSLIRBM計画も潰えた。

上記の計画は、いずれも、オハイオ級ミサイル原潜に、非核の通常弾頭の〝弾道ミサイル〟を搭載する、というものだったが、2012年米国防総省は、ヴァージニア級攻撃型原潜に搭載できる通常（＝非核）巡航ミサイル（トマホーク・ブロックⅣ、ブロックⅤ）を増やすために、ヴァージニア級原潜の中部胴体にミサイルの垂直発射装置「ヴァージニア・ペイロード・モジュール（VPM）」を設け、そこにブースターを使用して滑空する通常弾頭のミサイル・システムを搭載する方針を示した。※5

これは2000年代に、オハイオ級戦略ミサイル原潜のうちオハイオ、ミシガン、フロリダ、ジョージアの4隻が、トライデントII戦略弾道ミサイル搭載艦（SSBN）から改修され、非核のトマホーク巡航ミサイルを載せ替えたSSGNに艦種変更を行ったが、2020年代半ばにこの4隻が退役することが背景にあるのかもしれない。なお、VPMを装備したヴァージニア級ブロックV攻撃型原潜は、1番艦の建造が2019年に始まり、就役は2026年になる見通しだ。

米海軍はC‐HGB極超音速滑空体を、2028会計年度で初期運用能力（IOC）獲得を目指しているCPS（通常即時打撃）ミサイルに使用する。このCPSミサイルは、2段式の直径34・5インチのブースターを使用することになっており、SM‐3ブロック2A迎撃ミサイルの直径21インチ、トマホーク巡航ミサイルの20・4インチより太く、西側共通の魚雷発射管の21インチよりも太い。従って、CPSミサイルは魚雷発射管やMk.41垂直発射機への装填、発射は困難とみられ、新たな発射・搭載モジュールが必要となる。ヴァージニア級ブロックV攻撃型原潜は、船体の中央部に4基のミサイル垂直搭載発射モジュール（VPM：*Virginia Payload Module*）が増設され、トマホーク巡航ミサイル28発が装填可能（7発／基）。ヴァージニア級ブロックVは、艦橋より前の部分にある既存の発射装置と合わせ、計40発のトマホークを装填可能となる。米海軍は、CPSミサイルの搭載は、VPM装備のヴァージニア級ブロックV攻撃型原潜としている

※5　米議会調査局報告「Conventional Prompt Global Strike and Long-Range Ballistic Missiles：Background and Issues」2020年12月16日付

が、1基のVPMに何発のCPSが搭載可能になるのかはわからない。2020年10月に発表された「バトル・フォース2045」という構想では、米海軍の艦船を有人・無人艦船含めて、2035年までに355隻、2045年までに500隻にするという目標を掲げたが、その中にはヴァージニア級ブロックV攻撃型原潜を年間3隻建造し、70〜80隻の攻撃型潜水艦を保有することも含まれていた。注目のヴァージニア級ブロックV攻撃型原潜の最初の2隻、オクラホマ(SSN-802)とアリゾナ(SSN-803)は、2019〜2023経済年度予算で建造され、2021年現在、ブロックVは9隻が建造され、引き渡しは2025会計年度から2029会計年度になる見通しだ。これまでのヴァージニア級ブロックⅣ攻撃型原潜は、全長約115メートル、排水量7800トンだったが、胴体中央部にVPMを設けるヴァージニア級ブロックV攻撃型原潜は、全長140メートル+、排水量は、1万20

ヴァージニア級攻撃型原潜ヴァージニア(SSN774)。CPS極超音速ミサイルは、ヴァージニア級の全長を延長し、VPMミサイル発射装置を搭載するヴァージニア級ブロックV原潜に搭載(写真:US Navy)

0トンに増大する。2020年10月現在、米海軍のCPS極超音速滑空体ミサイルがヴァージニア級ブロックV原潜に装填されて初期作戦能力を得るのは2028会計年度の見込みとなっているため、米海軍は今、それに先だってCPSのような極超音速ミサイルのプラットフォーム生産に、ようやく手を付けた段階と言えるかもしれない。

そして、米海軍の極超音速ミサイル計画は、この原潜用のCPSだけではない。

艦対空ミサイルSM‐6ブロック1B

現在開発中の艦対空ミサイルのSM‐6ブロック1Bは、極超音速ミサイルとして極超音速で飛翔し、地上攻撃任務もこなすとされている。※6 ただし前述のCPSと異なり、C‐HGB極超音速滑空体は使用しない。

元々、オリジナルのSM‐6ブロック1Aミサイルは、第一段のブースターが直径21インチだが、第二段より上は直径13・5インチとなっている。ミサイルの最終段階での誘導は、内蔵したAIM‐120 AMRAAM空対空ミサイルと同系のアクティブ・レーダー・ホーミング方式のシーカーで行われる。

しかし、その発展型であるSM‐6ブロック1Bフェーズ1Bは、SM‐6ブロック1A艦対空ミサイルの直径をイージス艦で使用する垂直発射機Mk.41に収納可能な21インチに拡大。さらにレドームの耐熱性、制御装置材料の高温特性評価、ステアリング制御セクションの詳細設計などを施し、いっぽう搭載するイージス艦の方では「Mk.29キャニスターの改造設計、垂直発射

※6　Aviation Week 2020/ 3/12

システムの統合、および戦闘システムの統合」によって「極超音速化し、射程を延伸、対水上・対地能力を付与」[※7]し、射程を300キロメートル以上の極超音速ミサイルとしても使用可能としたもので、2024年までの開発完了を目指している。つまり米海軍では、海中の潜水艦に搭載するCPS極超音速ミサイルだけで無く、Mk.41垂直発射装置を搭載した水上艦（アーレイ・バーク級イージス駆逐艦）から運用するSM-6ブロック1Bフェーズ1B極超音速ミサイルが存在することになる。

なお、SM-6ブロック1Bについては、米海軍の水上艦用だけでなく、地上発射型を米陸軍が採用するとも報じられている。

HAWC（極超音速巡航ミサイル・コンセプト）

米海軍は水上艦・潜水艦だけでなく、空母艦載機などの作戦機も運用している。このため、2021会計年度予算で米海軍が関心を寄せている極超音速ミサイル計画には、米空軍とDARPA（*Defense Advanced Research*

イージス駆逐艦デルバート・D・ブラック(DDG119)。極超音速ミサイルとして使用可能になるSM-6ブロック1Bをイージス駆逐艦のMk.41VLSから発射可能にするためにはMk.29キャニスター等を改修することになる(写真：US Navy)

※7　Inside Defense 2019/4/24

Projects Agency：国防高等研究計画局）の共同事業で爆撃機や戦闘機から発射する「極超音速大気吸入式兵器コンセプト（ＨＡＷＣ：*Hypersonic Air-breathing Weapon Concept*）」開発というものもある。
　このＨＡＷＣは極超音速巡航ミサイルなのでＣ－ＨＧＢ極超音速滑空体は用いない。ＨＡＷＣは、２０１３年に米空軍とＤＡＲＰＡとＮＡＳＡの共同プロジェクトとして、Ｂ－52爆撃機から発射された極超音速試験機Ｘ－51Ａスクラムジェット・デモンストレーターのコンセプトの後継とも言えるものだ。試験機としてのＸ－51Ａウエーブライダーは、炭化水素を燃料および冷却材として使用し、スクラムジェット動力飛行体の初の実用的な極超音速飛行を実現した。ちなみにＨＡＷＣプロジェクトでは、２０２０年９月に飛翔しないＨＡＷＣのキャプティブ弾の一つのタイプを搭載したＢ－52爆撃機の飛行試験に成功。これと並行して、米空軍研究所（ＡＦＲＬ：*Air Force Research*

HAWCは、1段目はロケット・ブースター、2段目は超音速での空気流入で作動するスクラムジェット使用の極超音速巡航ミサイルだ（イラスト：DARPA）

Laboratory）は「２０２０年11月に18フィートの長さのスクラムジェット・エンジンを地上でテストした」と発表した。そして、同年12月にＢ‐52Ｈ爆撃機から発射する試験を行おうとしたが、発射できず失敗した。

米空軍は、２０２１会計年度でスクラムジェット・プロジェクトについて、取り込んだ空気の流れを調整し、エンジン内部での抵抗を低下させ、噴射を安定させるための内部抗力低下火炎安定化装置と飛行試験エンジンコンポーネントの開発を続ける。近年、米国ではデュアルモード・ラムジェット／スクラムジェット・エンジンのテストにも成功。この技術は、ガスタービン・エンジンと組み合わせると、飛翔体を停止状態から極超音速に加速することに繋がる。

ＣＰＳやＳＭ‐６ブロック１Ｂのような独自の極超音速ミサイル・プロジェクトがありながら、米海軍はなぜ、ＨＡＷＣに関心を寄せるのだろうか。

２０２１会計年度予算で米海軍はまず、将来の空母艦載機でＨＡＷＣを運用する意向を滲ませた。ＨＡＷＣは、前述の通り爆撃機や戦闘機等の航空機から発射することになるが、ロケット・ブースターでマッハ５以上の極超音速に加速し、ブースター切り離し後、スクラムジェットでマッハ５〜10の極超音速で飛行、機動し、標的を叩くことを目指すものだ。そして米海軍はこのＨＡＷＣを、Ｆ‐35Ｃなど空母艦載機用の空対地ミサイル、そして将来の空対艦ミサイルとして目を付けた。

だが、ＨＡＷＣはそもそも、米空軍とＤＡＲＰＡのプロジェクトであり、米海軍での運用を考慮してのものではない。米空母艦載機で運用するならば、ＨＡＷＣは、米空母の弾薬庫から飛行甲板まで、ミサイルや爆弾を運ぶ兵器エレベーターに適合させる必要がある。このため米海軍は2021会計年度予算で、HAWCの「全長を25%減らすことが必要になった」[※8]ため、米海軍版HAWC用の「極超音速ブースター（*Hypersonic Booster*）」開発費を要求している。この極超音速ブースターは準中距離（1000～3000キロメートル）用として2021会計年度から開発予算が組まれた。

米海軍のHAWC搭載対象となるであろう機種は、空母艦載用ステルス戦闘機であるF-35Cの他に、F/A-18E/Fスーパーホーネット戦闘攻撃機、P-8Aポセイドン哨戒機とされている。また、将来の対艦HAWCは、米空軍のB-1やB-52爆撃機への搭載が空軍のオプションになるかもしれない。[※9]

2021会計年度に米海軍は、HAWCの前部ボディ形状、覆い構成、ブリード穴パターン、前

空母艦載機用HAWCは全長を25%削るため、極超音速ブースター部分の新規開発が必要。写真は米海軍がHAWC極超音速巡航ミサイル搭載候補機種としているF-35C（写真：US Navy）

※8　p.524, Exhibit R-2A, RDT&E Project Justification：PB 2021 Navy
※9　The WarZone 2019/5/8

端分流エッジ、スクラムジェット・エンジンを含む前部ボディの形状や固体推進ロケットモーター・ブースターからの分離機構コンセプトを含む応用研究を予定していた。

2. 米空軍の極超音速兵器プロジェクト
──B-52やB-1B、F-15EXなどに搭載

米空軍HCSW（極超音速通常打撃兵器）

米空軍のC-HGBを使用する極超音速滑空体ミサイル計画、HCSW（*Hypersonic Conventional Strike Weapon*）は、B-52Hなど、爆撃機や戦闘機に搭載し、GPSと慣性航法システム（INS）両方の誘導システムおよび端末誘導機能を使用して、非常に厳しい環境で緊急を要する地上の固定および移動標的に対して使用するスタンドオフ兵器となることを目指して開発していた。

米空軍は、このHCSWプログラムが極超音速技術開発の「重要な進歩を開拓」し、陸軍、海軍、ミサイル防衛局（MDA）のプログラムを含む「国防総省全体のさまざまな極超音速の取り組みで使用するための既存の成熟した技術の統合」として、「近い将来、さまざまな極超音速兵器機能のデモンストレーションを促進する」のに役立つとしていた。※10

しかし米空軍のもうひとつのプロジェクト、AGM-183A ARRW（後述）と比べた結果、ARRWはHCSWより小型で、B-52爆撃機にHCSWの二倍搭載出来、F-15にも搭載可能であることがわかった。※11 加えてHCSWの開発スケジュールの問題等から、米空軍はARRWの

※10 Air Force Magazine 2020/2/10付
※11 Air Force Magazine 2020/ 3/2
https：//www.airforcemag.com/arrw-beat-hcsw-because-its-smaller-better-for-usaf/

計画を優先するとして、ＨＣＳＷ計画は２０２１年度米空軍予算の計画からはキャンセルされた。

ＡＧＭ-１８３Ａ ＡＲＲＷ（空中発射迅速対応兵器）

ＡＧＭ-１８３Ａ ＡＲＲＷは、米空軍がＤＡＲＰＡ（米国防高等研究計画局）と共同で取り組んでいた極超音速滑空体、ＴＢＧ（*Tactical Boost Glid*：戦術ブースト滑空）デモンストレーターの技術を用いる空中発射型の極超音速滑空体ミサイルだ。

「ＴＢＧは、Ｃ-ＨＧＢよりも高速で機動性があり、精度が高いことを目的とした、より複雑なハーフコーン（楔形）設計」で「最高速度はマッハ20にも達する」[※12]という。

従って、ＡＲＲＷの先端に装備される極超音速滑空体は前述のＣ-ＨＧＢではなく、楔形の無動力極超音速滑空体であり、いわゆる、ウェーブライダーのような形状をしている。極超音速滑空体が機能するためには、ブースターが適切な速度と高度まで加速し、それに到達すると先端部のフェアリングを二分割して開き、その中から楔形の極超音速滑空体が放出され、ターゲットに向かって極端な速度で滑空する。ＤＡＲＰＡは、ＡＲＲＷの前身にあたるＴＢＧがマッハ20を超えると予測していたという。最終的なＡＧＭ-１８３Ａの形状は、先端部の極超音速滑空体を覆うフェアリングが存在するため、空中発射弾道ミサイルのような外観となるが、機能、飛翔経路は完全に異なる。

ＡＧＭ-１８３Ａ ＡＲＲＷの開発状況だが、ＡＲＲＷのキャプティブ弾1発を、２０１９年夏にＢ-52Ｈ爆撃機に搭載し、そのままＢ-52Ｈが飛行するという試験を実施した。その翌年の

※12 The Drive 2020/1/20

2019年6月12日、AGM-183A ARRW IMV（キャプティブ弾）を左主翼に吊り下げ、エドワーズ空軍基地外で飛行試験を実施したB-52爆撃機（写真：U.S. Air Force）

AGM-183A ARRWがフェアリングを外し、極超音速滑空体を露出させた瞬間のイメージ図（イラスト：Lockheed Martin）

２０２０年、米空軍はカリフォルニア州エドワーズ空軍基地で、極超音速滑空体ミサイル、ＡＧＭ－１８３Ａ ＡＲＲＷのキャプティブ弾である、ＩＭＶ‐２をＢ‐52Ｈ爆撃機の左右の主翼に１発ずつ、計２発を搭載しての飛行実験を実施、成功した。また２０１９会計年度予算で初のＡＲＲＷ用のブースター試験を実施しており、２０２１会計年度にはＡＲＲＷのブースターによる２回目と３回目の試験を実施する予定だ。その後、ＡＲＲＷのＡＵＲ（完全に組立てたミサイル弾体）試験体（複数）の試験を開始、マッハ20、射程約１０００キロメートルを目指すＡＧＭ‐１８３Ａの初飛行は２０２２年が目標とされている。

ＡＲＲＷ搭載候補とみられている機体は、前述のＢ‐52Ｈ爆撃機、Ｂ‐１Ｂ爆撃機、それにＦ‐15戦闘機の最新型、Ｆ‐15ＥＸである。

Ｂ‐52Ｈ爆撃機の左右の主翼の下に付ける現行のＩＣＰパイロンは、１９５９年に基本設計が行われたもので、１基あたり５０００ポンド（２２６７キロ）のミサイル、爆弾等を吊下、運用できるが、２０１９年に米空軍は、重量が10トン近いＭＯＡＢ（大規模爆風爆弾）を搭載可能とするため、１基あたり２万ポンド（約９０７２キロ）吊下げ能力のある外部パイロンを開発している。そして、この新型パイロンを使用すれば１基あたり、ＡＲＲＷ ３発が搭載可能との見方もある。Ｂ‐52Ｈ機内のＣＳＲＬロータリーランチャーにＡＧＭ‐１８３Ａ ＡＲＲＷの搭載は、少なくとも１発は可能なようだが、最大何発可能かは不明。さらに左右主翼の新型パイロン計２カ所に、６発のＡＲＲＷは搭載可能となるだろう。

一方、Ｂ‐１Ｂ搭載の場合は、機内の爆弾倉に６発は搭載できるが、外部パイロンと合わせて、１機あたり31発のＡＲＲＷを搭載できる見通しだ。[※13]

※13 AIR FORCE Magazine 2020/04/7
https：//www.airforcemag.com/afgsc-eyes-hypersonic-weapons-for-b-1-conventional-lrso/

また、爆撃機以外では、２０２０年９月14日、米空軍航空戦闘コマンド（ＡＣＣ）司令官（当時）のケリー将軍が、Ｆ‐15イーグルの最新型、Ｆ‐15ＥＸ戦闘攻撃機について、Ｆ‐15ＥＸの中央ステーションは米空軍の「最も重い兵器」のいくつかを運用できるとした他、同機種のメーカーは「比類のない兵器認証とペイロードによって、極超音速兵器などの内部ベイで運ぶことができない高度な兵器の輸送が可能になる」※14と説明していたため、何らかの極超音速兵器の搭載が可能であることを示している。ＡＧＭ‐１８３は、全長約６・70メートルとされ、Ｆ‐15ＥＸの下部中央は全長６・70メートル、３・１７５トンまで積載できるという。※15 また、米ナショナルインテレスト誌の電子版（2020/1/30付）は、新型のＦ‐15（Ｆ‐15ＥＸ）について「スタンドオフ兵器、極超音速兵器のためのプラットフォームになりうる」として「(米空軍は)極超音速ミサイルで武装することを検討」と報じていた。

またＦ１１０‐ＧＥ‐１２９ターボファン・ジェットエンジン2基を装備するＦ‐15ＥＸは、「ＡＲＲＷを発射前にマッハ3に加速し、極超音速にするために必要なブースターのサイズを縮小できる可能性があった」※16との報道もあった。

AGM-183A ARRW極超音速滑空体ミサイル搭載可能になると言われるF-15EX戦闘攻撃機の初飛行（写真：Boeing）

※14 https://www.boeing.com/defense/f-15ex/
※15 Forbes 2020/7/19
※16 Air Force Magazine 2020/3/2)

つまり、Ｂ－52Ｈ爆撃機やＢ－１Ｂ爆撃機搭載用とＦ－15ＥＸ搭載用では、ＡＲＲＷのサイズが異なる可能性があるということだろう。Ｆ－15ＥＸは、米空軍の三個飛行隊、米州空軍の六個飛行隊のＦ－15を交代させる計画だ。ちなみに沖縄・嘉手納基地には、２０２０年現在、Ｆ－15Ｃ／Ｄ戦闘機二個飛行隊が展開している。

米フォーブス誌（2020/7/19）によれば、「ＡＧＭ－１８３を搭載したＦ－15ＥＸは、空中給油を受ければ「嘉手納基地から２０００マイル（約３２００キロメートル）離れた標的を打撃することが出来る、という。それに関連しているかどうかは不明だが、２０２０年８月、ボンバルディア・チャレンジャーＣＬ－６００／６５０型機の機体上面と下面にアンテナが林立し、胴体前半下部にカヌー状のフェアリングを持つ改造機が横田、及び嘉手納基地に姿を現した。米フォーブス誌（2020/8/13）は、この改造機にそっくりな画像を掲げ、強力な対地レーダーと高感度の電子情報システムを組み合わせたＨＡＤＥＳ（高精度検出・活用システム）を搭載した米陸軍のアルテミス偵察機であると紹介した。

機体上面と下面に多数のアンテナ、胴体下にカヌー状のフェアリングがついた米陸軍のアルテミス偵察機（写真：久場悟/Ks'18）

このアルテミスの能力について、同記事は「米陸軍の１６００キロメートル先を狙う兵器のため、標的を見つける」「(HADESの）レーダーは、戦車などの移動する標的を見つけ、恐らくは、船も検出可能。受信機は高度4000フィート（約12キロメートル）で飛行すると全ての方位に向かって、数百マイルをスキャンできる」として、具体的には、米陸軍のSLRC（戦略長距離カノン砲）計画と「1000マイル（1600キロメートル）以上離れた標的にぶち当たる極超音速ミサイル」の支援用であることを示していた。

HADESは、将来、別の機種に搭載される可能性もあり、アルテミスが支援する極超音速ミサイルは、AGM-183ARRWに限定されるとは限らないが、興味深い動きではあった。

メイヘム（Mayhem）

スクラムジェットを使用する米空軍の極超音速兵器・装備計画は、前述のHAWC以外にもある。「使い捨て型極超音速空気吸入型汎用ミッション・デモンストレーター」、通称、メイヘムと呼ばれるもので、爆撃機や戦闘機から発射され、固体ロケット・ブースターで極超音速に加速、空気を吸入する極超音速通常（非核）型巡航ミサイルとなる。

このメイヘムはHAWCと何が異なるのか。米空軍は「現在の極超音速能力より大きなペイロードを、より長距離で運ぶことができる」「より大きな使い捨て型極超音速空気吸入型汎用ミッション」システムを求めていたことから推察すれば、メイヘムはAGM-183A ARRWより大型の飛翔体となることが予想されているが、ARRW同様、F-15EXの3・18トンまで吊下可能な胴体下中央のステーションで運用できることを目指している。

そして、メイヘムのペイロードについては、ミサイルとしての攻撃用の弾頭だけでなく、情報収集、監視、偵察任務のペイロードもモジュール式で搭載する極超音速飛翔体を目指すことになりそうだ。メイヘムが攻撃用弾頭搭載を含め、〝使い捨て〟であるのは、情報収集、監視、偵察任務であっても、かなり危険な敵地やエリアに突っ込んでいく、ということなのだろう。また、情報収集、監視、偵察任務のペイロードを搭載した場合も、任務終了後、回収せず〝使い捨て〟になるということは、飛翔しながら収集した情報、偵察結果は、何らかの通信手段で送信されるということになりそうだ。[※17] ただ、前述の通り、極超音速で飛翔する飛翔体の周囲の空気はプラズマ化し、電波を反射するとされる。この問題を米空軍はどのように解決しようとしているのか、断定はできないが、メイヘムが目標空域に到着後、速度を落とし、偵察や情報収集を実施するならば、通信途絶の問題は起こらないだろう。

また、極超音速で飛翔中でも、進行方向と真逆の後方に送信装置があれば、プラズマによる通信途絶の問題は解決できるのかもしれない。そうだとするなら、極超音速ミサイルとしてのメイヘムも極超音速飛翔中でも外部との通信が可能ということかもしれない。

3. 米陸軍の極超音速ミサイル・プロジェクト
――PAC-3用トレーラーを改修した車両に搭載

LRHW（長距離極超音速兵器）

米陸軍でもC-HGBを使用する極超音速ミサイルをLRHW（Long-Range Hypersonic

※17 Air Force Magazine2020/8/19
https://www.airforcemag.com/mayhem-will-be-larger-multi-role-air-breathing-hypersonic-system-for-usaf

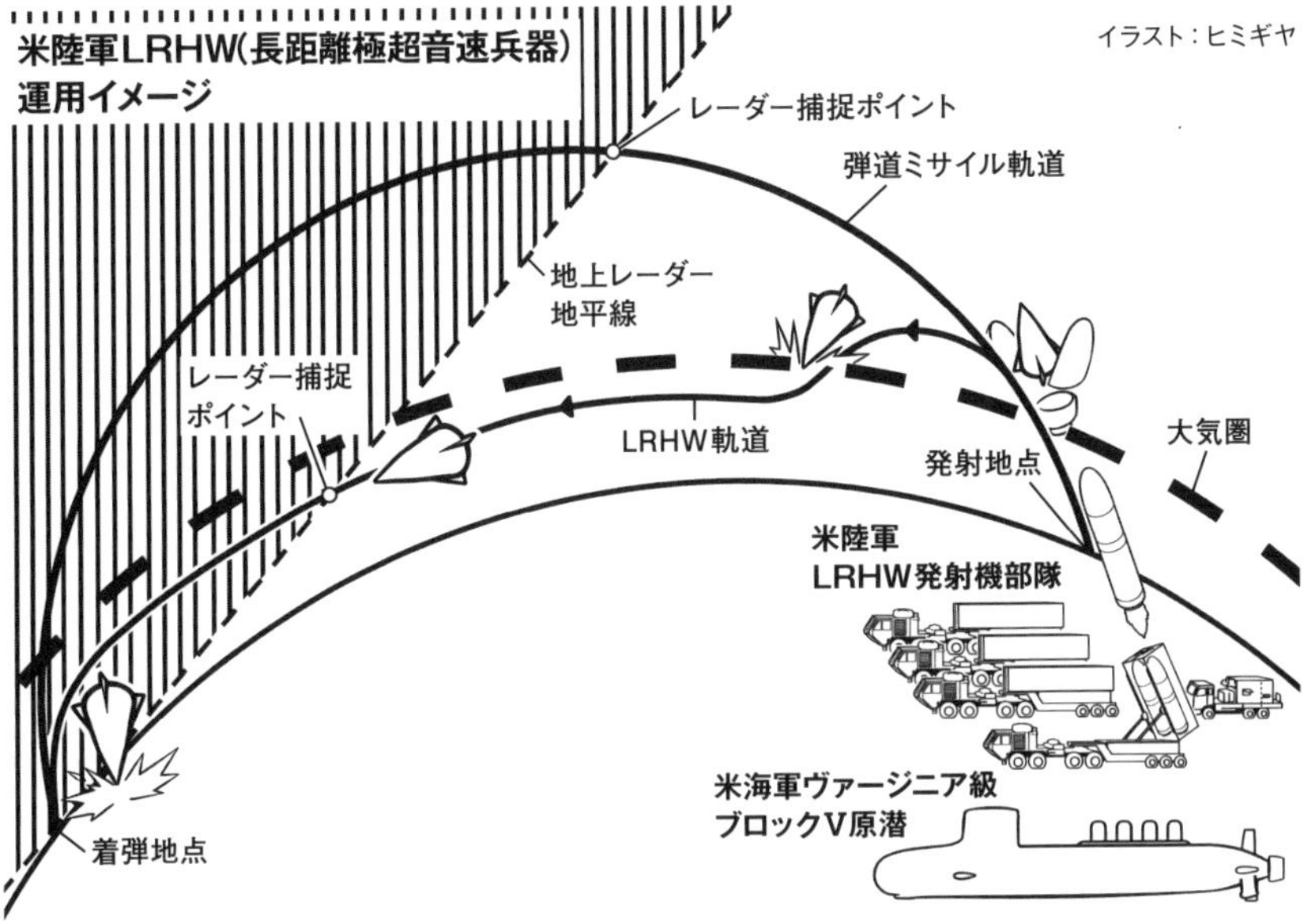

Weapon：長距離極超音速兵器）として開発する。このLRHWは、別名、LBHMとも呼ばれるが、ブースターは米海軍がヴァージニア級攻撃原潜搭載を前提に開発するC-HGBを搭載するCPS用の34・5インチ・ブースターを使用する。LRHWは、1個大隊にランチャーが4輌所属する。このランチャーは、PAC-3ミサイル・システムで使用しているM870トレーラーを改修したトレーラーを使用、HEMTT M983A4トラックで牽引される。トレーラー1輌には、極超音速滑空体ミサイル（AURミサイル）1発を装填したキャニスター2個が搭載される。つまり、1個大隊には、8発が即応態勢にあることになる。

「A2AD（接近阻止・領域拒否）を打ち負かし、敵の長距離火力を制圧し、時間制約が厳しい標的に従事する」[※18]ため、射程2200キロメートル以上を目指すことになる。2021会計年度には、LRHW／AURミサイルの発射・飛行試験（FT‐3）が実施されるとともに、LRHWのサブシステムとコンポーネントの製造を継続し、LRHWプロトタイプは、C‐HGBとブースターの組立て・設計を検証するための飛行試験となる。飛行試験は2023会計年度の第2四半期まで継続する見通しだ。

発射管制は、既存の「Army Battle Fire Control」システムで実施することになっている。しかし、このシステムで上記の飛行試験期間に、連射も組み込まれるのかどうか、興味深いところである。

また、米陸軍がすすめている前述のアルテミスは、この「Army Battle Fire Control」システムに連接するということになるのかもしれず、アルテミスの展開が、米陸軍にとってはLRHWの作戦投入の最大の前提となるのかもかもしれない。

OpFires

DARPAは、まったく新しいブースターによって必要な高度と速度に撃ち出されるTBG（戦術ブースト滑空）の地上発射バージョンについても米陸軍と50：50で協力している。『Op Fires』と呼ばれるこのプロジェクトでは、二段式のブースターでTBGを投射。

「敵の防空網に突入し、時間的に迅速に対処しなければならない標的に正確に関与することを可能にする新しい地上発射システムを開発および実証すること。…さまざまなペイロードを様々な

※18 Army, Justification Book of Research, Development, Test & Evaluation, Army　RDT&E − Volume II, Budget Activity 4

射程で配送できる。さらに、既存の地上部隊とインフラストラクチャとの統合を可能にする互換性のある移動式地上発射プラットフォーム、および迅速な展開と再展開に必要な特定のシステムが含まれる」[※19]というのがDARPAの説明だ。

OpFiresのペイロードと射程にある程度の柔軟性が見込まれるような表記だが、OpFiresプログラムは、3つの主要な開発コンポーネントで構成されている。推進システムは、2018年に契約したフェーズ1および2で開発、さらにフェーズ3兵器システム統合プログラムを、2020年1月に企業と契約している。フェーズ3では、初期の要素開発から2021年後半のCDR(*Critical Design Review*：最終設計審査)までの設計を行い、2021年度に構成品とサ

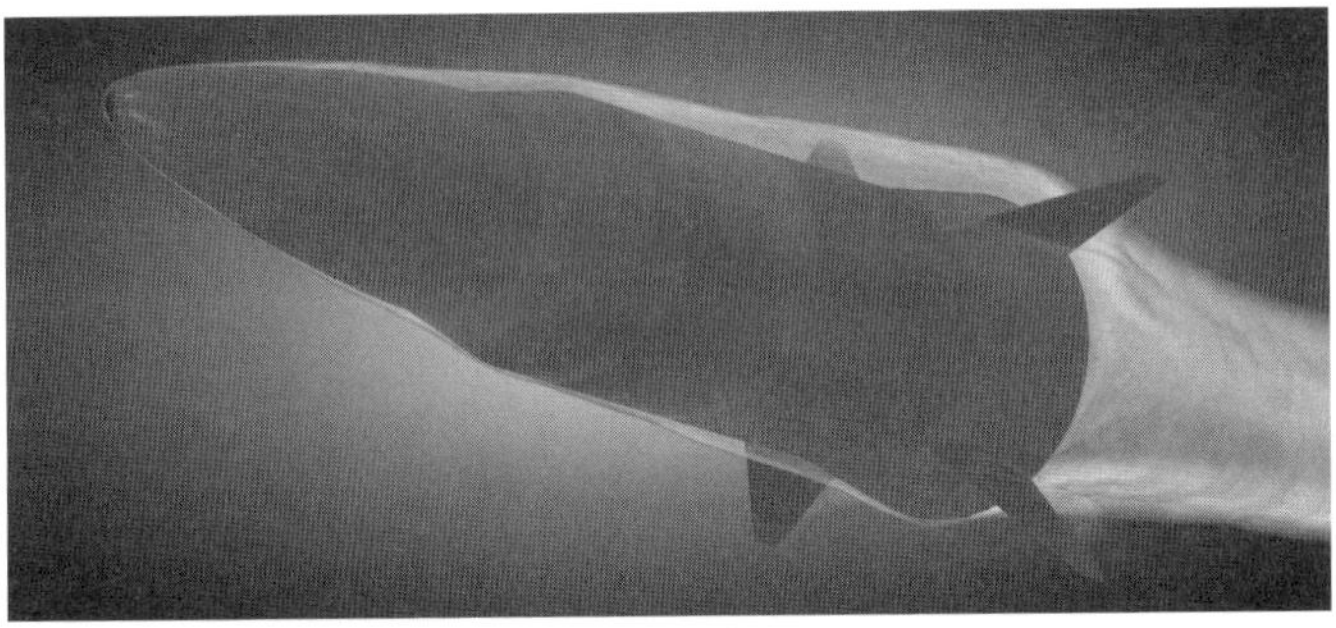

OpFiresの二段目の飛翔予想図(イラスト：DARPA)

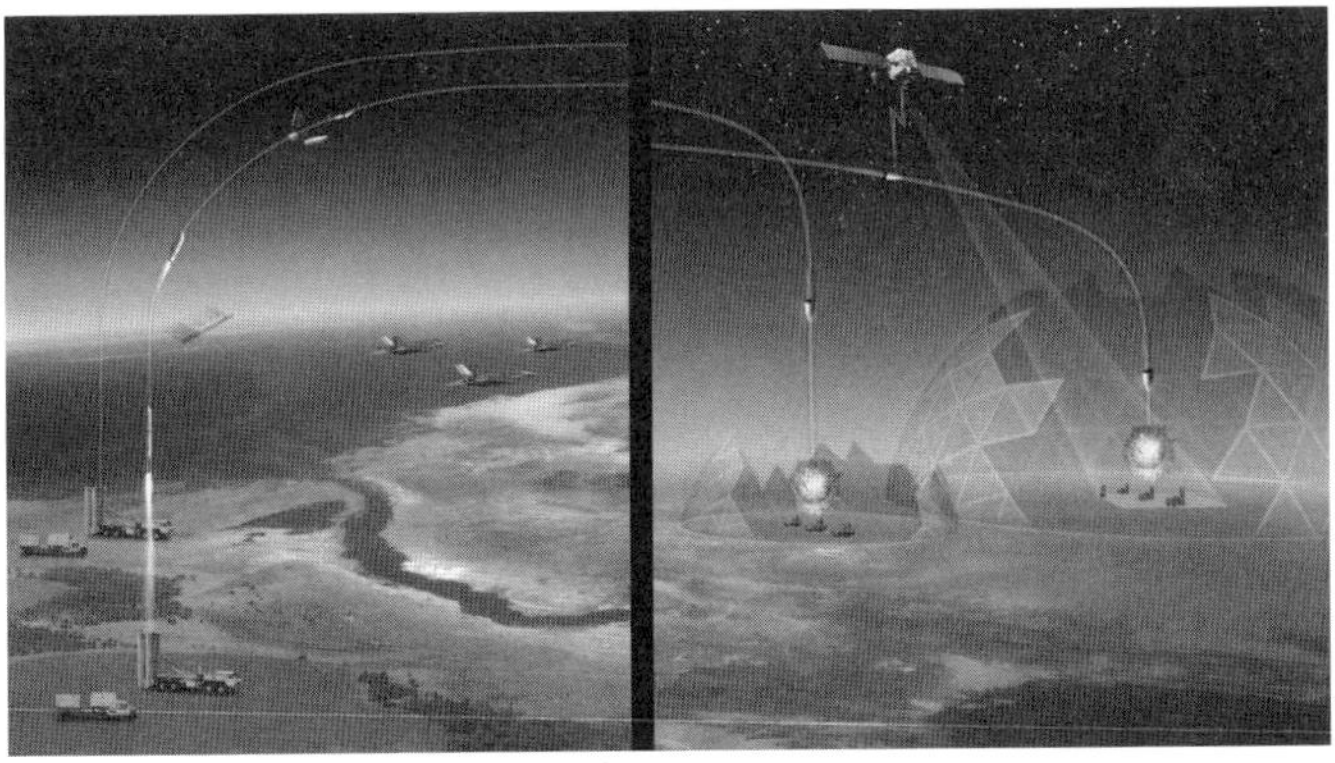

OpFiresの運用概念図(イラスト：DARPA)

※19 Operational Fires(OpFires), DARPA

ブシステムのテスト、2022年度に統合飛行試験を行う予定となっている。

4. 米豪共同プロジェクトSCIFiRE
――『空気流入極超音速技術』の開発に重点

米国は、同盟国であるオーストラリアとも極超音速兵器開発プロジェクトをすすめている。

2020年11月、米国防総省はオーストラリアと提携して、サザンクロス統合飛行研究実験(SCIFiRE)を発表した。これは、数年以内に実物大のプロトタイプ兵器を製造し、5年以内に生産システムを実現することを目的とした空気流入超音速技術プログラム、つまり、スクラムジェット前提の計画だ。このため、SCIFiREは、部分的には前述のHAWCの技術と、米空軍と米海軍、オーストラリア空軍と軍事技術機関の間の2005年以降の共同プロジェクトで、マッハ5・5以上の極超音速での大気圏飛行研究実験(HIFiRE)プログラムをベースにする予定である。なお、HIFiREで開発された滑空飛翔体は、2017年7月にマッハ8での飛行試験に成功している。

SCIFiREプロジェクトでは、極超音速滑空体ではなく、前述のように空気流入極超音速技術の開発に重点が置かれるが、オーストラリアには、世界最大の兵器試験施設の1つであるウーメラ試験範囲施設がある他、7つの極超音速風洞を運用しており、マッハ30までの速度を試験することが可能とされている。SCIFiREプロジェクトでは、これらの風洞が使用される可能性があるだろう。[※20]

※20 Hypersonic Weapons：Background and Issues for Congress　米議会調査局2020/12/1版

第4章

中国の極超音速ミサイル

DF-17極超音速滑空体ミサイルの登場

2019年10月1日、中華人民共和国は、建国70周年の国慶節パレードを北京で行った。DF-41、DF-31AG型大陸間弾道ミサイル（ICBM）やJL-2型潜水艦発射弾道ミサイル（SLBM）、それに、無人潜水艇やWZ-8利劍型超音速ステルス無人機等、このパレードで公式には初めて公開された装備の数々も登場した。だが「パレードで最大の驚きはDF-17極超音速滑空体（HGV）搭載ミサイルが姿を現したことだった」と米軍事専門誌ディフェンス・ニュース（2020/10/1）は指摘した。中国は、2014年1月以来、DF-ZF（またはWU-14）極超音速滑空体の発射、飛行試験を2018年までに7回以上行い、DF-ZFを先端部（再突入体）としたDF-17ミサイルは、極超音速滑空体ミサイルとして世界初の実用化システムとなったとされる。2020年末現在、米国含め西側の国々では、極超音速兵器は、まだ、開発途上にある。

そもそも、中国の極超音速ミサイルの開発はいつ始まったのか。

中国は、2018年9月、さまざまな空力特性を持つ3種類の極超音速飛翔体モデル（D18-1S、D18-2S、およびD18-3S）の試験を実施した。これらの試験は、中国が速度を可変させ、極超音速を含む速度で飛行する兵器を開発するのに役立つように設計できることを意味した。並行して、中国はマッハ6＋の凌雲（*Lingyun*）エンジンまたは「スクラムジェット」テストベッドを使用して、耐熱部品と極超音速巡航ミサイル技術を研究したとみられた。[※1]

DF-17の先端部、DF-ZFは底面が平滑で、空中で揚力が発生しやすいリフティング・ボディ形状だが、さらに上下左右に小翼がある。付け根を拡大してみると胴体に軸1本でつながっていることが判る。つまりこの4枚の翼は動翼である可能性が高く、極超音速で滑空しながら翼を動かし、偏向する。これにより高度も方向も複雑に変化し、飛翔経路は、弾道ミサイルの弾頭のような楕円とはならない。従って、極超音速滑空体の未来位置は弾道ミサイル弾頭のようには予測計算できない。さらに、イージス艦から発射する弾道ミサイル迎撃用のSM-3迎撃ミサイルは、その構造上、いわゆる大気圏外のように空気の薄いエリアでの迎撃用で、高度70キロメートル以下では迎撃実績がない。従って、日米の弾道ミサイル防衛、特にイージス・システムによる迎撃は極めて困難と予想される。

このDF-17を開発した中国の第一航空宇宙科学技術アカデミー所属の女性のチーフデザイナーは、DF-17等のミサイル開発の功績から、2019年11月に中国科学院院士に選出された。中国の「新浪軍事」（2019/11/23）は、このチーフデザイナーの功績を紹介する中で、DF-17の性能について紹介。到達（最高）高度は60キロメートルで、弾頭部はリフティング・ボディを採

※1　米議会調査局（CRS）の報告「Hypersonic Weapons：Background and Issues for Congress：2020年12月1日」

用し、空気抵抗は大幅に減少していて、滑空の間、飛翔速度は、ゆっくりと減衰する。滑空中は、機動しながら30キロメートルまで降下したところで、標的にダイブ。最高速度は約マッハ10で、飛翔高度が60キロメートル以下になっているので、イージス・システムで使用するＳＭ－３迎撃ミサイルやＴＨＡＡＤの迎撃ミサイルでは対応が困難になる、としている。

また、これとは別に複数の中国メディアが、ＤＦ－17は非核兵器だと説明している。

最高高度約60キロ、BMDで対処できないDF-17

冒頭で紹介した中華人民共和国建国70周年の国慶節パレードで披露された、推定射程１６００～２４００キロメートル※2とされるＤＦ－17極超音速滑空体ミサイル、また

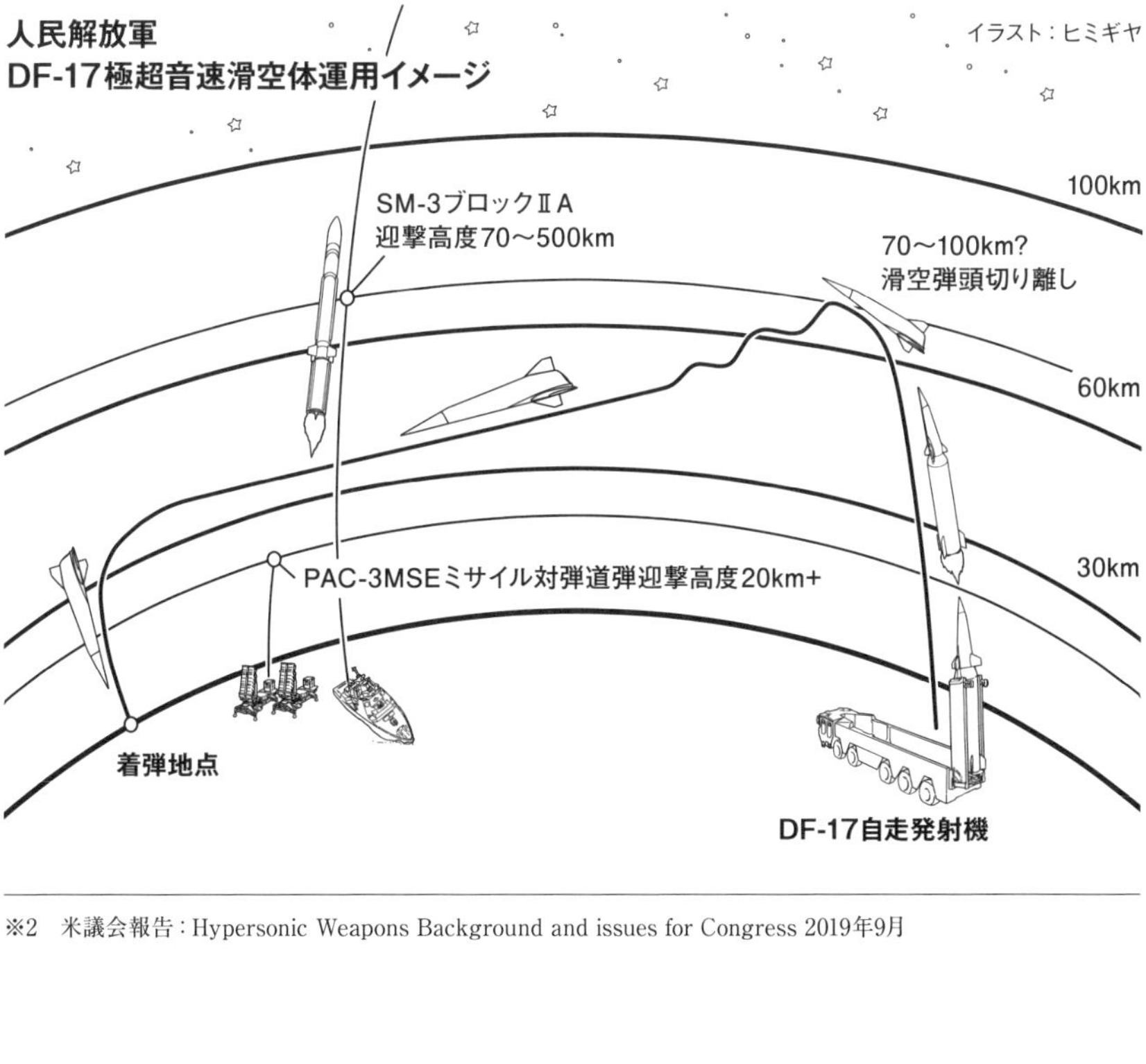

※2　米議会報告：Hypersonic Weapons Background and issues for Congress 2019年9月

は、そのモックアップを搭載した自走発射機は16輛であった。この16輛という数は、人民解放軍ロケット軍の2個大隊に相当するようだ。なお、DF‐17の移動式発射機の外観は、DF‐16短距離弾道ミサイルの5軸10輪のWS‐2500型移動式発射機（全長：約16メートル、幅：約3メートル）に似ている。最高時速70キロメートル以上と言われるWS‐2500同様の性能なら、DF‐17は、展開が容易な装備ということになるだろう。

2020年2月13日、米戦略コマンドのチャールス・A・リチャード司令官（海軍大将：当時）は、上院軍事委員会で証言し「2019年10月の（中華人民共和国建国）70周年記念パレードで、人民解放軍は、H‐6Nバジャー爆撃機、DF‐41大陸間弾道ミサイル（ICBM）、DF‐17準中距離弾道ミサイル、改良された潜水艦発射弾道ミサイル（SLBM）を含む新しい戦略核システムを発表した」と述べた。この中で特に興味深いのは、極超音速滑空体ミサイルであるDF‐17を「準中距離弾道ミサイル」「戦略核システム」と分類したことだろう。日本の防衛白書（令和2年版）は、DF‐17について「（射程800〜1000キロメートルの）DF‐16短距離弾道ミサイルをベースに開発されたとされ、極超音速滑空兵器（HGV）を搭載可能とされる準中距離弾道ミサイル」と説明している。

二段式のDF‐17は、発射直後に加速するブースター（DF‐16B？）に、無動力の極超音速滑空体（DF‐ZF／WU‐14？）が搭載された構造。ちなみに、極超音速滑空体を加速するブースターとみられているDF‐16は、射程800〜1000キロメートルの二段式短距離弾道ミサイルだ。これに対して、DF‐17の射程は「約1000〜1500マイル（約1600〜240

0キロメートル)」[※3]とも、「1800~2500キロメートル」[※4]とも言われ、DF-16より射程は長い。先端部がグライダーのように滑空することで、射程は延伸するということだろうか。しかし、物理的にはこのDF-17の射程が正しいとすると米本土どころか、グアムにも届かない。しかし、日本は射程内だ。中国の「新浪軍事」(2019年11月23日)によれば、前述の通り下段のブースターで、最高高度60キロメートルに到達。切り離された極超音速滑空体の弾頭部はリフティング・ボディ形状で最高速度は約マッハ10。空気抵抗は大幅に減少していて、滑空の間、無動力であるため加速せず、飛翔速度はゆっくりと減衰する。滑空中は、機動しながら30キロメートルまで降下したところで、標的にダイブする。従って、DF-17の飛翔経路は、新START条約やINF条約で規定された弾道ミサイルの定義〝弾道(=楕円軌道)を描いて飛ぶ〟とは異なる飛び方だが、前期のリチャードソン証言から、米戦略コマンドは、DF-17を「弾道ミ

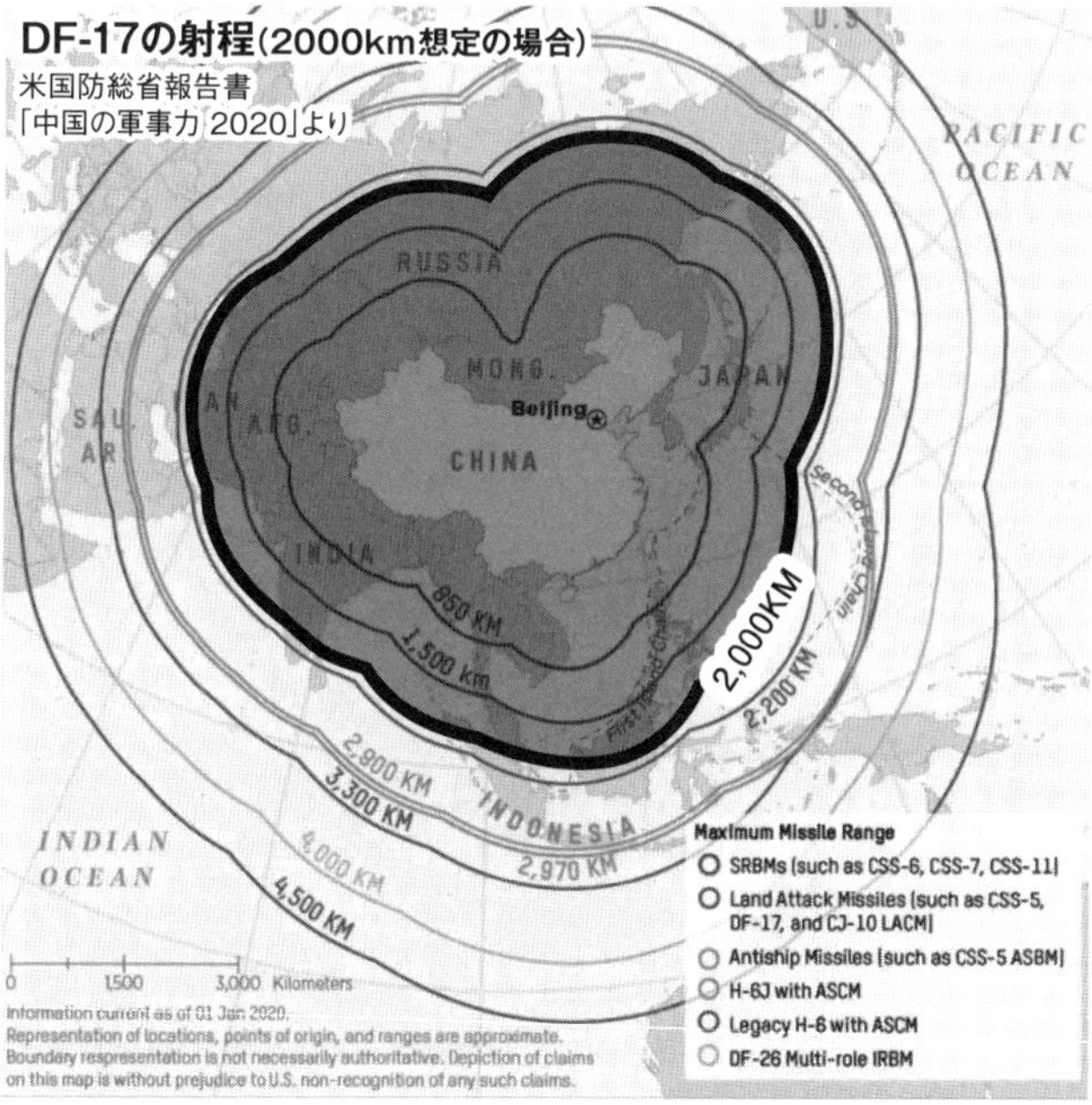

※3 米議会調査局報告「Hypersonic Weapons: Background and Issues for Congress」(2019/9/17)
※4 MISSILE THREAT, CSIS

サイル」とみなしたことになる。

また、DF-17について「中国の国営メディアは通常兵器と説明[※5]」していたが、前述のリチャードソン米戦略コマンド司令官は、DF-17を中国の新たな「戦略核」のひとつとみなしたことになり、さらに2020年4月に防衛省・防衛研究所が発行した「東アジア戦略概観2020」では「第2の核時代―核戦力の近代化と新たな戦略兵器（P18）」という項目でDF-17を紹介。「東アジア戦略概観」の執筆者のひとりは、筆者の質問に答え、DF-17が核ミサイルになる可能性に言及した。

米戦略コマンド司令官に〝戦略核〟とみなされたDF-17が到達する最高高度が約60キロメートルでは、イージスBMD/SM-3迎撃ミサイルでは迎撃は困難とみられるが、これは、日本の防衛という観点から無視できることではないだろう。

では中国は、DF-17ミサイルを、どれくらい保有しているのだろうか。

中国の人民日報系の英字紙、GLOBAL TIMES（2020/10/18）は、「人民解放軍は、現状では、約100発のDF-17を保有しているが、今後、数年のうちに生産と配備が進められる」との専門家の分析を報じていた。DF-17ミサイルの主な展開場所とみられる福建省から、東京までは約2300キロメートル、浙江省から東京まで約2000キロメートルだ。DF-17の最

2019年10月1日北京で行われた建国70周年の国慶節パレードで初公開されたDF-17（写真：Global Security）

※5　米The Diplomat誌2020/2/16

大射程が仮に約２５００キロメートルなら、なおさら、日本にとってはＤＦ‐17の存在は気に掛かることになるだろう。

また、同紙（2021/1/4）は、ミサイルの新しい移動式発射機を、その画像とともに紹介した。移動式発射機の背中の膨らみに隠れて、搭載しているミサイルは識別できないが、中国のニュースウエブサイト、eastday.comは、「ＤＦ‐17のアップグレード・バージョン」と報じていたという。ミサイル全体を包んでいる覆いによって「敵対的な偵察から身を隠し、複雑な戦場環境から身を守る能力を向上させる」「ミサイルを偽装し、外部環境から保護することができる」と同紙は報じていた。

これらの報道が正しいとすれば、ＤＦ‐17は、２０１９年10月１日に公開したものと異なり、ミサイルそのもののアップグレードが図られただけでなく、ミサイル全体をカバーする覆いによって、例えば、砂漠地帯でもミサイルを保護しつつ展開できるということかもしれない。

Ｈ‐６爆撃機に搭載？弾道ミサイルＣＨ‐ＡＳ‐Ｘ‐13

ところで、米戦略コマンドのリチャードソン司令官（当時）に「戦略核」と評価されたＨ‐６Ｎ爆撃機は、２０１９年10月１日の国慶節のパレードでは、機体の下の爆弾倉を廃止し、新たに凹みを披露していた。この凹みは、大きな空中発射型のミサイルを装備するためとみられ、中国は、地上からだけではなく、空中からのＡ２ＡＤ（接近阻止・領域拒否）強化のため、爆撃機を中心とする航空戦力も強化するものと考えられた。

　そして２０２０年10月、中国のＳＮＳウェイボに、たった８秒ながら中国空軍第１０６旅団（？）所属のＨ-６Ｎ爆撃機（機体番号：５５０３２）が（河南省・寧祥飛行場？に）着陸する映像が投稿されていた。米国防省のリポート「中国の軍事力２０１８」は、中国が「二種類の空中発射弾道ミサイル計画を進めていて、片方は恐らく核搭載可能」（Ｐ34）としていた。この二種類の空中発射弾道ミサイルの内、「２０１８年１月に初飛行。２０２５年までに中国空軍に就役」とされているものが、ＣＨ-ＡＳ-Ｘ-13と西側では呼ばれている。しかし、Ｈ-６Ｎ型爆撃機に吊り下げられていたミサイル（または模擬弾）が、ＣＨ-ＡＳ-Ｘ-13に相当するかどうかは、筆者にはわからなかった。「胴体の下に、極超音速滑空体（ＨＧＶ）を搭載した空中発射弾道ミサイル（ＡＬＢＭ）が装備されているように見える」（Jane's 2020/10/19）との分析もあり、さらに、英国の国際戦略研究所（IISS 2020/10/23）では、給油プローブを除くＨ-６Ｎの機体全長が34・８メートルであることから、このウェイボに映っていたミサイルの全長は13・09メートルと換算。この大きさから、このミサイルは「中国の既存の準中距離ミサイルの派生型」であり、さらに、米国防省がＣＨ-ＡＳ-Ｘ-13空中発射弾道ミサイル計画があると分析していたことを指摘。その上で、このミサイルの「機首部分の下部が平滑な可能性」があり、これは「滑空体の特徴」であること。さらに

中国空軍H-6N爆撃機。胴体下に空中発射弾道ミサイル（または模擬弾）があるようだ（写真：Weiboより）

機首部分の後部に「可動舵翼がある可能性」があり、可動舵翼が「再突入体を機動する」と分析。このような特徴は、中国の地上発射型極超音速ミサイル、DF-17の先端部(DF-ZF)である極超音速滑空体と共通性があることを強調している。つまり、H-6N爆撃機が吊り下げていたのは、爆撃機から発射後ロケットで加速、その後、極超音速滑空体である弾頭部を切り離す極超音速滑空体ミサイル(または模擬弾)であることを示唆していたのである。

米国防省は、2020年、H-6N爆撃機について「2019年の中国の70周年記念パレードにおいて、人民解放軍空軍は長距離打撃用に最適化されたH-6Kをベースとしたｈ-6Nを公表した。H-6Nは、ドローンまたは、核兵器搭載可能な空中発射弾道ミサイル(ALBM)のいずれかを外部に搭載できるよう改修された胴体を備えている。H-6Nの空中給油機能は、空中で給油できない他のH-6機種よりも到達距離を拡大した」※6と分析し、H-6Nが、核搭載可能な空中発射弾道ミサイルを搭載可能になるとの分析を明らかにしていた。ただ今回映像で明らかに

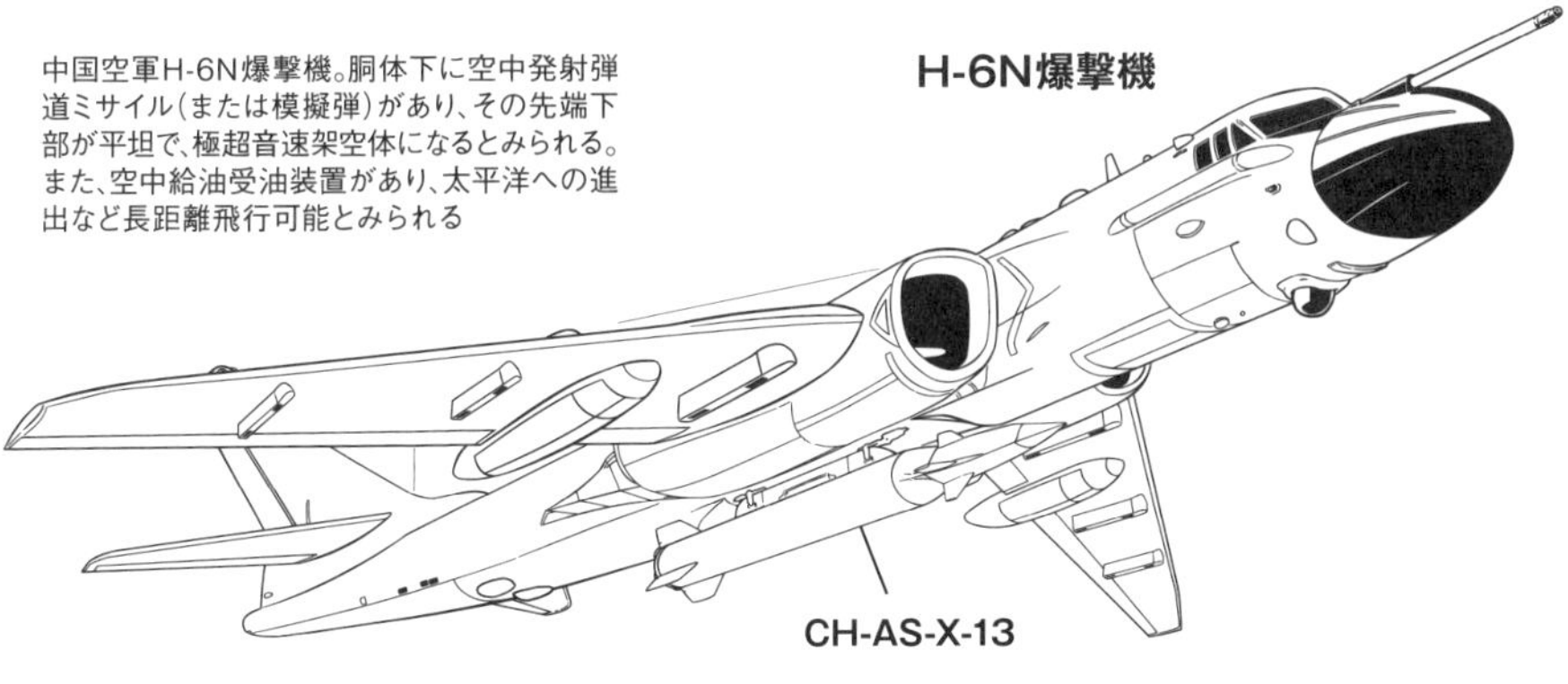

中国空軍H-6N爆撃機。胴体下に空中発射弾道ミサイル(または模擬弾)があり、その先端下部が平坦で、極超音速架空体になるとみられる。また、空中給油受油装置があり、太平洋への進出など長距離飛行可能とみられる

イラスト：ヒミギヤ

※6　p.51米国防省「中国の軍事力2020」

なったH-6Nに吊り下げられたミサイル（または模擬弾）が、核兵器対応可能ミサイル・プロジェクトと関係あるかどうかは不明である。

しかし、前述のIISSは、「中国のアナリストは、（映像に映っている）H-6Nが河南省南陽市にある内郷（*Neixiang*）飛行場（N32・973，E111・882）に着陸したことを示唆。内郷基地は人民解放軍空軍の第106航空旅団の基地であり、この基地は人民解放軍の初期の核トライアドの一部として、核攻撃を実施する使命を帯びてきたと推測される[※7]」と分析。さらに米国防省も「中国は、核対応の空中発射弾道ミサイル（ALBM）の開発と、地上および海上での核能力の向上により、『核の3本柱』を追求している」（米国防省「中国の軍事力2020」）として、中国が〝戦略〟核3本柱を構築する中で、空中発射弾道ミサイル（ALBM）の重要性を強調している。

H-6Nに搭載されうるALBM（空中発射極超音速滑空体ミサイル）が、既存の弾道ミサイル防衛では対応が難しい極超音速滑空体ミサイルであり、核搭載可能ということになれば、日本としても無視できるものではないだろう。

「米国の情報機関が、CH-AS-X-13と呼ぶ新型ミサイルがあり、情報筋によると、ミサイルは16年12月に最初に飛行試験を実施、18年1月までに5回の試験が実施された。近年、米国国防情報局（DIA）は、（中略）……脅威評価で、核搭載可能と評価している。……（中略）（このミサイルは）DF-21準中距離弾道ミサイルの変形として、2段式の固体推進材を使用する弾道ミサイルで、射程3000キロメートル。（中略）…米情報機関筋は、CH-AS-X-13は、

※7　IISS 2020/10/23

25年までに配備の準備が出来うると評価している」[※8]との分析もあった。このCH-AS-X-13ミサイルと、2020年10月に、中国のSNS上に流れた映像でH-6N爆撃機が吊り下げていたミサイル（または、模擬弾）が、同じモノかどうかは不明だ。しかし、中国空軍は、同年10月19日、SNS上で、H-6爆撃機が、グアムのアンダーセン米軍基地とおぼしき標的にミサイル攻撃を掛けるというシミュレーション動画を公開した。

空中発射弾道ミサイル／極超音速ミサイルを吊り下げたH-6N爆撃機が、グアムを睨むと言うのであるなら、それは太平洋に進出するということなのだろう。グアムより西の極東には、日本列島や台湾があることは、留意すべきことかもしれない。

スクラムジェットで動力飛行する極超音速巡航ミサイル「星空-2」

さて中国は、DF-17や空中発射ミサイルのような極超音速滑空体ミサイルの他に、後述する極超音速巡航ミサイル「Xingkong（星空）-2」計画をすすめていた。

この「星空-2」について、米議会調査局[※9]は、「米国防当局者によると、（中国は）2018年8月に核搭載可能な極超音速飛翔体プロトタイプ、Starry Sky-2（星空-2）の試験に成功した」との分析を記載している。

中国の国航天科技集団第十一研究院が開発した「星空-2」は、2018年8月3日に発射・飛行試験が実施され、「約10分間飛行した後、方向転換、分離、自主飛行、弾道大機動旋回など

※8　米Diplomat誌電子版2018年4月10日
※9　「Hypersonic Weapons：Background and Issues for Congress Updated March 17, 2020」

の動作を行い、予定通り弾道を落下区域に入れることに成功[※10]」したと発表されていた。

2018年8月の発射の際には、高度30キロメートルに到達、マッハ5・5〜6・0で飛行し自律的飛行は400秒に及んだ、という（米Global Security）。星空-2の射程は不明だが、極超音速で、400秒から10分飛行できるとすると、700キロメートル〜1200キロメートルは飛べるということかもしれない。

星空-2とDF-17の明確な違いの一つは、外観だ。2019年10月のパレードの際には、DF-17には極超音速滑空飛翔体（DF-ZF）が剥き出しで取り付けられていたのに対し、星空-2にはフェアリングがあって、公開された星空-2の発射前の画像は、弾道ミサイルにそっくりとされていた。星空-2の極超音速飛翔体の形状は不詳。しかし、前述の米議会報告には、星空-2の極超音速飛翔体は「（DF-17の）DF-ZFとは異なり、Starry Sky（星空）-2は発射後に動力飛行を行い、自身の衝撃波から揚力を得る『ウェーブライダー』だ。一

星空-2の発射試験と伝えられる画像。発射直後は、極超音速巡航ミサイルがフェアリングで包まれているため、弾道ミサイルと見分けが難しい
（写真：Global Security）

※10 中国網、2018/8/8

部のレポートは、Starry Sky-2が２０２５年までに運用可能になる可能性があることを示している」と分析している。

星空-２のブースターには、射程６００～８００キロメートルのＤＦ-15短距離弾道ミサイルが使用されたとの見方もある。しかし、「動力飛行」を行う極超音速巡航ミサイルとすれば、どんな動力が使用されているのだろうか。この点について、前述の米議会報告では、中国のマッハ６＋の速度を出す*Lingyun*（凌雲）高速エンジンの存在が指摘されており、米Global Securityは、星空-２の動力はスクラムジェットとの分析を行っている。

星空-２の射程は、前述のように確証はもてないが、核搭載可能とみられる極超音速巡航ミサイルである飛翔体そのものが噴射・飛翔を行うのであれば、ＤＦ-15より射程が延伸される可能性はあるだろう。しかも、巡航高度が約35キロメートルであるなら、イージス艦によるＳＭ-３迎撃ミサイルにもＰＡＣ-３システム

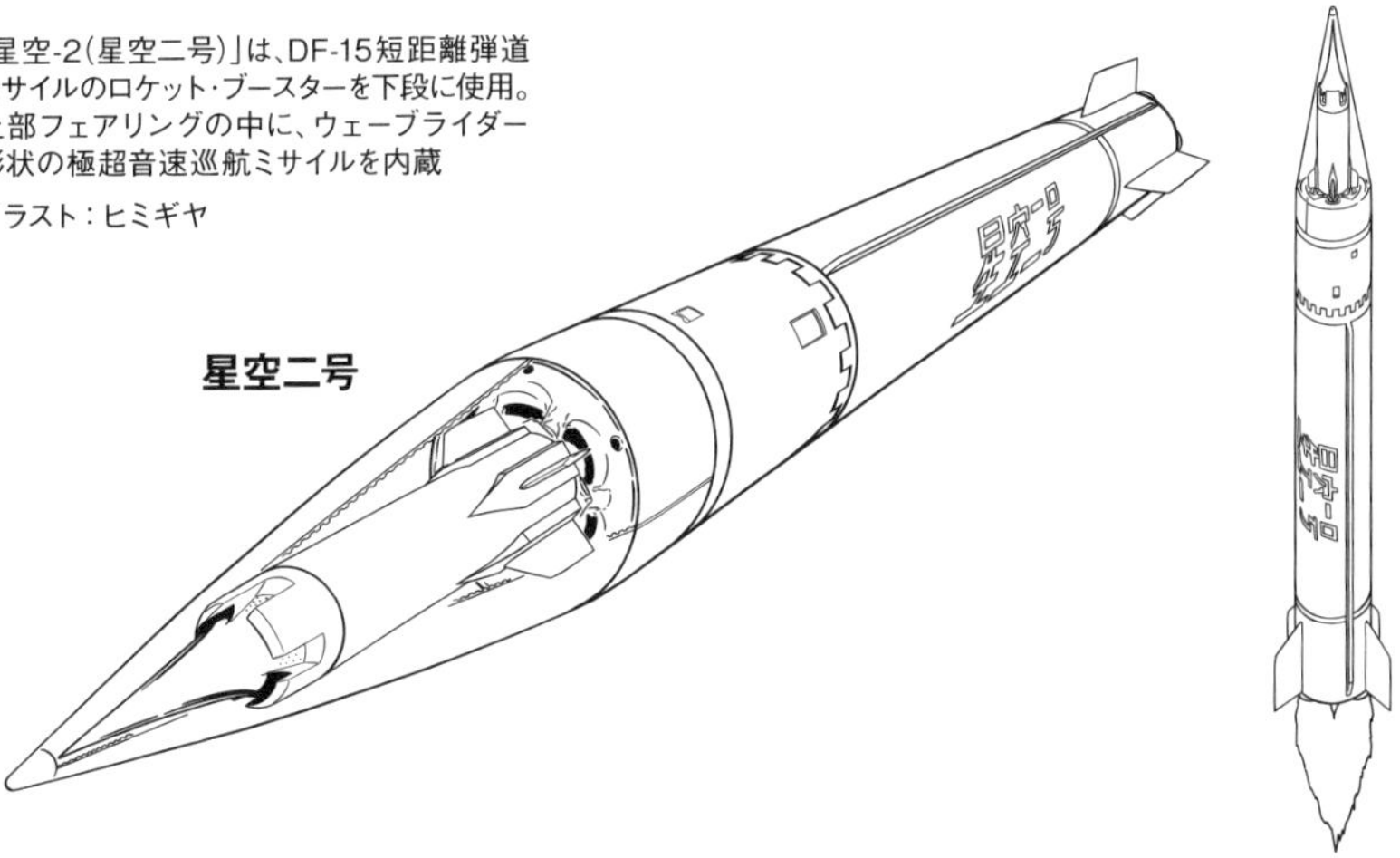

「星空-2（星空二号）」は、DF-15短距離弾道ミサイルのロケット・ブースターを下段に使用。上部フェアリングの中に、ウェーブライダー形状の極超音速巡航ミサイルを内蔵

イラスト：ヒミギヤ

にも迎撃は難しいだろう。

なぜならイージス艦から発射されるＳＭ‐３迎撃ミサイルは、迎撃試験では高度70キロメートル以下のミサイルを対象とした迎撃の実績がなく、またＰＡＣ‐３システムのＰＡＣ‐３ＭＳＥミサイルも、迎撃高度の上限が25キロメートル以下とされていることから見ると、この星空‐２の迎撃は、機動しながら飛翔することへの迎撃の難しさ以前に、飛翔高度の点からも対処は難しそうだ。

中国は極超音速巡航ミサイルの技術基盤となるスクラムジェットの実用化に、遅くとも２０１５年には取り組んでいたようだ。

中国が２０１５年12月に試験を実施した地上発射型のスクラムジェット・エンジンの試験飛翔体は、米国のハイフライ（*Hyfly*）ミサイルに似ている機体であり、中国が極超音速飛行するスクラムジェットミサイル開発を示唆するものであった。

極超音速滑空体を搭載できるＤＦ‐41型ＩＣＢＭを開発？

ＤＦ‐17も星空‐２も、ＩＣＢＭ級の射程があるとは思えないが、米国ではロシアのアヴァンガルドのように、大陸間弾道ミサイル搭載用の極超音速飛翔体を中国が開発するのではないか、との見方もある。

米議会に設置されている「米中経済・安全保障問題検討委員会」の２０１８年版報告書は、前述のＤＦ‐41型ＩＣＢＭについて「ＭＩＲＶ（個別誘導複数目標再突入体）弾頭及び極超音速滑空体搭載が可能になるＤＦ‐41型ＩＣＢＭの開発により、米本土に対する（中国）ロケット軍の核の脅威が大きく増加する」と警告していた。

中国から米本土に届く大陸間弾道ミサイル『ＤＦ‐41』が、ミサイル防衛を突破しかねない極超音速滑空体で、米本土に対する核の脅威を増大させる可能性を指摘しているのだ。

中国が今後、どんな極超音速ミサイルを開発するかについて、米議会調査局（ＣＲＳ）の報告[※11]は、「ＤＦ‐21、ＤＦ‐26弾道ミサイルが、通常型極超音速滑空体（ＨＧＶ）で武装し、Ａ２ＡＤを支援する可能性」を指摘している。Ａ２ＡＤは米軍の接近や米軍の自由な行動を阻止することを意味する。

ＤＦ‐21は二段式の核・非核準中距離弾道ミサイルで、最大射程はバージョンによって異なり１５００〜２１５０キロメートル。特に、２００６年から中国ロケット軍への引き渡しが始まったとされるＤＦ‐21Ｄは対艦弾道ミサイルといわれ、標的となる敵艦を潜水艦やＵＡＶ、それに漁船で掌握。その再突入体は高度１００キロメートル以下で、距離１５００キロメートル以上を約10分で飛翔できるという。再突入体はターミナル段階で、赤外線センサーで標的の敵艦を捕捉、追尾。精度を示す半数必中半径（ＣＥＰ）は20メートルという、まさにＡ２ＡＤ用の装備だ。

ＤＦ‐26は、最大射程４０００キロメートルの中距離弾道ミサイルで、搭載される2個の弾頭は、核、または非核。精度は１５０メートルとされる第二世代の対艦弾道ミサイルで、２０１７年に試験発射が実施された。

※11「Hypersonic Weapons : Background and Issues for Congress : 2020年12月1日」

DF‐21DやDF‐26のブースターに、極超音速滑空体（HGV）が搭載されることになれば、一般論として、射程が延伸され、HGVは敵艦に接近しながら機動し、その飛翔滑空高度は、第1章で紹介したように約40～96キロメートルと予想される。イージス弾道ミサイル防衛（BMD）システムのSM‐3ミサイルで対処するには、微妙な高度であるといえよう。

前述の米議会調査局の報告書[※11]によれば、中国は、極超音速飛翔体の研究・開発用に「FD‐02、FD‐03、およびFD‐07極超音速風洞を運用しており、それぞれマッハ8、マッハ10、およびマッハ12の速度に達する」「マッハ5からマッハ9の速度に達するJF‐12極超音速風洞と、マッハ10からマッハ15の速度に達するFD‐21極超音速風洞を運用し、マッハ25の風洞の運用も予想され」ているという。

マッハ25に達するロケット・ブースターを使用するミサイルといえば、一般的には、ICBM（大陸間弾道ミサイル）やSLBM（潜水艦発射弾道ミサイル）ということになるかもしれない。

前述の通り、米議会に設置されている「米中経済・安全保障問題検討委員会」の2018年版報告書は、中国のDF‐41型ICBMについて「極超音速滑空体搭載が可能になるDF‐41型ICBMの開発により、米本土に対する（中国）ロケット軍の核の脅威が大きく増加する」と警告していた。その背景には、中国の風洞施設の発展があるのかもしれない。

第5章

その他各国の極超音速ミサイル事情

極超音速ミサイルの開発、配備は、米中露など軍事大国だけの話ではない。以下、現在極超音速ミサイルの開発を進めている各国の状況を概観してみよう。

インド

地上発射型「シャウリャ」と「ブラモスⅡ」極超音速ミサイル開発に乗り出す

インドの極超音速ミサイルは、潜水艦発射弾道ミサイル（ＳＬＢＭ）の国内開発から派生した、といわれている。

インドは１９９０年代に、インド海軍初のミサイル原潜アリハントに12発搭載されるＫ－15サガリカ（*Sagarika*）潜水艦発射弾道ミサイル（ＳＬＢＭ）の開発を行っていた。サガリカは、固体推進剤を使用する全長10・8メートル、直径0・8メートルの2段式ミサイルで、核弾頭1個を搭載し、最大射程700キロメートルとされている。

このK‐15サガリカ潜水艦発射弾道ミサイルの2013年1月の発射試験では、ベンガル湾にいた潜水艦から発射。サガリカは第1段の噴射で高度4キロメートルに到達し、その後700キロメートル先の標的に命中したが、到達高度は低く、飛翔は大気圏内のみであったため、インドのDRDO（国防研究開発機構：*Defence Research and Development Organisation*）は、サガリカを極超音速ミサイルとみなしたという。

そしてこのK‐15サガリカ潜水艦発射弾道ミサイルの地上発射バージョンとして開発されたのが、「シャウリャ（*Shaurya*）」である。全長11メートルのキャニスターに内蔵された2段式ミサイルであるシャウリャの全長は10・3メートルで、サガリカより短い。ミサイルは、ガス・ジェネレーターで、キャニスターから打ち出されるコールドローンチ方式。第1段の全長は2メートル、直径は0・8メートルとされ、固体推進剤の燃焼時間は10秒。また第1段の噴射中にミサイルの上部にある姿勢制御用のブースターも噴射する。

第2段は全長7・1メートルで、直径0・75メートル、液体燃料を使用する。また第2段の下部には上下に4枚ずつ、計8枚の翼がある。第2段の噴射時間は35～45秒だが、ミサイルの飛翔時間は500～700秒、最高速度は極超音速のマッハ7・5に達した。射程は、当初700キロメートルだったが、その後1000キロメートルに延伸した。

シャウリャは高度50キロメートル未満のデプレスド（低進）軌道で飛翔し、さらに迎撃ミサイルを避けるため、標的に突入する寸前の終末段階で機動する。再突入体は全長1・2メートル、直径0・75メートルで、高性能爆薬のタイプと17キロトン級核弾頭搭載タイプがある。

シャウリャは、前述のロシアのイスカンデル・システムで使用する9M723弾道ミサイルや空中発射型のキンジャール、それに後述する北朝鮮のKN-23のように、単純な楕円軌道で飛翔する弾道ミサイルではなく不規則な軌道で飛翔するミサイルということになるだろう。このシャウリャは2016年に引き渡しが開始されたと見られている。

いっぽう、インドがロシアと共同出資で設立したブラモス・アエロスペース社は、ロシアのヤホント対艦ミサイルをベースに印露共同開発したPJ-10ブラモス（*BrahMos*）対艦ミサイルを生産している。ブラモスは、全長8メートル、直径0・67メートル（または、全長8・9メートル、直径0・72メートル）で、固体推進剤のロケット・モーターで加速した後

ロシアとインドで共同開発されている超音速巡航ミサイル、ブラモス（写真：One half 35）

は、ラムジェットを使用する。巡航高度は15キロメートルだが、終末段階では高度5~10メートルで飛翔する。射程は292キロメートルで、速度は、高高度で秒速825メートル（≒マッハ2・4）、低高度で秒速680メートル（≒マッハ1・98）と超音速の対艦ミサイルである。

このようにインドは、ロシアと共同でラムジェットを使用する超音速のミサイル、ブラモスを開発・生産しているわけだが、それにとどまらず、極超音速兵器の開発にも乗り出している。

2020年9月7日、インドはHSTDV（極超音速技術デモンストレーター：*Hypersonic Technology Demonstrator Vehicle*）の発射を実施した。HSTDVは固体推進ロケット・モーターで打ち上げられ、高度30キロメートルで空気取り入れ口を開き、ロケット・モーターから切り離された。そしてHSTDVのスクラムジェットに燃料噴射と点火が行われ、マッハ5で約20秒飛行したとDRDOは発表した。インドの報道では、この試験の成果は、「インドの極超音速巡航ミサイル試験飛翔体のテストの成功は、……複数のプラットフォームから発射される多用途の長距離地上攻撃巡航ミサイル（LRLACM：*Long Range Land-Attack Cruise Missile*）の道を開く」[※1]というのである。

ではインドは、LRLACMプロジェクトでどのような極超音速ミサイルを目指しているのだろうか。「LRLACMは1000キロメートルを上回る射程となり、（印露共同開発の超音速対艦ミサイル）ブラモスが使用するのと同じ『共通垂直ランチャーモジュール（UVLM）』から発射することができる。1000キロメートルを上回る射程はインド海軍が最初に要求した性能だ。LRLACMは、インド国産の亜音速巡航ミサイル・ニルバイ（射程1000キロメートル）

※1 INDIA DEFENSE DIALOGUE 2020/9/7

をアップグレードするものでもあるが、射程と精度を向上させる。ミサイルのシーカーとロケットモーターは、ＤＲＤＯによって既存の技術から開発される。

ＬＲＬＡＣＭはトラックに搭載されたランチャーや海軍の軍艦からの発射を可能とする。ＤＲＤＯは「空中発射バージョンと潜水艦発射バージョンの開発にも取り組む」[※2]という。

また、ＨＳＴＤＶの成功はＬＲＬＡＣＭの開発に繋がるだけではない。「ＨＳＴＤＶ（の技術）は、成熟するとインドとロシアの合弁事業であるブラモス・ミサイルに推進力を供給するために使用できる。既存の（ブラモス・ミサイルの）バージョンはマッハ２・８、射程は約３００キロメートルのみ。そしてブラモスの極超音速バージョンは、ブラモスのほぼ2倍の速度のマッハ６で飛び、少なくとも６００〜８００キロメートル飛翔しうる」[※2]というのである。

このブラモスの極超音速バージョンが、ブラモスⅡと呼ばれるものだ。

ブラモスⅡについて、米議会報告「Hypersonic Weapons：Background and Issues for Congress（２０２０年12月1日版）」は、「当初、２０１７年の就役が意図されていた」と記述していたが、開発・生産社である印露合弁企業ブラモス・アエロスペース社は「２０２５年までに、マッハ４・5、26〜27年までにマッハ６〜７のミサイルを製造し、28年に初発射」[※3]と段階を追って、開発を進める方針だ。インドは２０２０年現在、隣国との間でトラブルを抱えているが、英字新聞「エコノミックタイムス」によれば、「インドは、ラダック東部で進行中の中国との軍事的対立の中で、ブラモス超音速巡航ミサイルの複数回の運用発射を実施し、そのさらなる精密攻撃能力を……（中略）……発揮させる。射程２９０キロメートルのブラモスの『ライブミサイルテスト』は、イン

※2　INDIA DEFENSE DIALOGUE 2020/9/7

※3　Defence World 2020年8月26日 https：//www.defenseworld.net/news/27721/Hypersonic_BrahMos_Missile_to_fly_by_2028#.X8DEOaY0OUk）

ド洋地域でのインド陸軍、海軍、空軍によって実施される」という。[※4]

このように、ブラモスⅡ極超音速巡航ミサイル・プロジェクトについて、インドのメディアではインドの先進技術が使用されることが強調されているが、兵器・装備年鑑として国際的に重視されている「Jane's Weapons NAVAL 2019-20」では、ブラモスⅡプロジェクトを「(ロシアの極超音速ミサイル)ジルコンの短射程(290キロメートル)バージョン」と指摘していた。ではなぜ、射程290キロメートルのバージョンなのか。

1987年に「大量破壊兵器運搬能力を有するミサイルの拡散を防止する」との目的で発足した取り決め「ミサイル技術管理レジーム(MTCR:*Missile Technology Control Regime*)」は、「射程300キロメートル以上の完成したロケット・システムや技術」を輸出規制対象としている。このため、ジルコン極超音速巡航ミサイルを世界市場に出そうとするなら、射程は300キロメートル未満にする必要があるだろう。

だがインド自身、中国のような発達した極超音速ミサイルを保有する国と隣接した国でもある。とするとブラモスⅡは、前述のJane's Weapons NAVALが指摘するように、ロシアのジルコンの技術をベースとした射程300キロメートル未満の極超音速巡航ミサイルになるとしても、HSTDVデモンストレーターやLRLACMといったインド国産技術は、ブラモスⅡより射程の長い極超音速巡航ミサイル開発に繋がるのかもしれない。

※4 The Economic Times 2020/11/24

北朝鮮

北朝鮮が開発するプルアップや低進弾道で飛翔する不規則軌道のミサイル

ミサイル防衛を突破するための極超音速ミサイルには、北朝鮮も関心を明らかにしている。

北朝鮮の朝鮮労働党機関紙、労働新聞（2021年1月9日付）は、朝鮮労働党第8回大会（2020年1月5日～7日）における金正恩委員長（2020年1月10日総書記に就任）の報告を紹介した。

その中で、「報告では、……多弾頭個別誘導技術をさらに完成させるための研究事業を……（中略）……進行しており、新型弾道ロケット（＝弾道ミサイル）に適用する**極超音速滑空飛行戦闘部**をはじめとする各種の戦闘的使命の弾頭開発研究を終え試作に入るための準備をしているのに対して言及」「1万5000キロメートル射程内の任意の戦略的対象を正確に打撃消滅する命中率をさらに高めて、核先制と報復打撃能力を高度化することに関する目標を提示された。近く、**極超音速滑空飛行戦闘部**を開発導入するという課題、水中と地上の固体（推進ロケット）モーターの大陸間弾道ロケット開発事業を計画通りに推進させ、長距離核打撃能力を向上するうえで重要な意義を持つ原子力潜水艦と水中発射核戦略兵器を保有するという課題が想定された」と、2箇所、極超音速ミサイルの「開発導入」と「試作の準備」が明記されていた。

北朝鮮がどんな極超音速ミサイルの開発を想定しているかは、２０２１年２月現在、筆者には不明だが、極超音速巡航ミサイルでは無く、極超音速滑空（体）となっているのは興味深い。

さらに北朝鮮は、１月14日に平壌（ピョンヤン）の金日成広場で第８回労働党大会記念パレードを行った。前年（２０２０年）のパレードでも披露された、〝一見するとソックリさん〟の兵器、装備、例えば、日本の自衛隊の軽装甲機動車にそっくりな４輪駆動車や、米国のＭ１１２８ストライカーＭＧＳに似た装輪自走砲やＭ１エイブラムス戦車に似た戦車等が披露された。

また、不規則軌道で飛翔できるＫＮ－23ミサイル・システム（後述）もパレードに登場した。

ＫＮ－23の移動式発射機は、ミサイルを２発搭載し、片側４輪だ。しかし、パレードでは片側５輪で、明らかにＫＮ－23の移動式発射機より大型の移動式発射機があった。この移動式発射機に

2021年1月14日の労働党大会記念パレードで登場した新型ミサイル（写真：朝鮮労働党機関紙 労働新聞）

は、KN－23を大型化したようなミサイル2発が搭載されていた(以下、新型ミサイル、と記述)。KN－23は4枚の翼に可動部があり、噴射口には4枚のベーンが突き出していて、発射直後にも機動し、また噴射終了後もミサイルが滑空する中で、翼の可動部を使って機動すると見られ、2019年7月には、到達最高高度50キロメートルで、飛距離600キロメートルを記録した不規則軌道ミサイルである。2021年1月のパレードで登場した、この〝新型ミサイル〟もKN－23のように機動する不規則機動ミサイルかもしれない。

今後、発射試射が行われるとして、ミサイルの回転、機動の観測を目的にしているのか、このミサイルの前端部は、白黒に塗り分けられていた。ミサイルが大型化していれば、①ミサイルのペイロードの大型化・重量増、②射程延長の可能性も考えられるだろう。また射程が700キロメートルより長くなるならば、日本に届く〝不規則機動ミサイル〟となる可能性があるかもしれない。

また、このような〝新型ミサイル〟の技術は、前述の労働新聞記事で言及されていた「新型弾道ロケットに適用する極超音速滑空飛行戦闘部」の「新型弾道ロケット」に繋がるものかもしれない。

弾道ミサイルにはあてはまらない
マッハ5超えKN－23不規則軌道ミサイル

2019年5月、北朝鮮は2度にわたってミサイルや多連装ロケット砲、自走砲の発射訓練を行い、事後、これ見よがしに発射した兵器の画像を公開した。

5月4日、韓国軍合同参謀本部は「(北朝鮮が)同日午前9時6分頃、日本海側の元山近辺から、短距離ミサイルを発射」と発表したが、同日午前10時11分、韓国の聯合ニュースは、「数発の飛翔体」に修正し「70～200キロメートル飛行した(後に70～240キロメートルに修正)」と報じた。翌5日、北朝鮮の労働新聞や朝鮮中央放送等のメディアが、金正恩委員長が「大口径長距離放射砲(＝多連装ロケット砲)や新型戦術誘導兵器の運用能力などを点検」する「火力打撃訓練」を視察した、と報じた。記事に使用した兵器の名称は無く、添付されていた画像には、3種類の兵器が写っていた。KN-09と呼ばれる300ミリ多連装ロケット砲と「主体100」と呼ばれる240ミリ連装ロケット砲、それに、ロシアの自走式弾道ミサイル／巡航ミサイル・システム、イスカンデルで使用される9M723(または、9M723-1)短距離弾道ミサイルにそっくりだが、先端や翼の形状が微妙に異なり大きさも異なるミサイルで、後に米軍から「KN-23」と呼ばれることになったモノである。北朝鮮メディアの言う「新型戦術誘導兵器」が、

マッハ5を超える極超音速ミサイルとみられているKN-23
(写真：朝鮮労働党機関紙 労働新聞)

この〝KN‐23〟を指していたのなら、北朝鮮もまた、この時点では「弾道ロケット（＝ミサイル）」という言葉を避けていたのかもしれない。

北朝鮮はもともと、国連安保理決議第2087号で「北朝鮮に対し、弾道ミサイル技術を使用したいかなる発射も……（中略）……実施しないこと。弾道ミサイル計画に関連するすべての活動を停止すること」が求められていた。北朝鮮の2019年5月4日の発射は安保理決議に違反したものなのか。ここで、あらためて注目されるのは、「弾道ミサイルとは何か」ということだ。国連には明文化した弾道ミサイルの定義がない。しかし、前述の通り、米露間の重要な軍縮条約であったINF条約（1987年調印、2019年無効化）第2章の1で「弾道ミサイル」を「その飛行経路の大部分にわたって弾道軌道を有するミサイルを意味する」と定義。また、新START条約（2010年署名、2021年2月に期限を5年間延長）では「プロトコール6.(5.)弾道ミサイルとは、飛翔経路のほとんどが弾道軌道（＝楕円軌道）」と定義していた。つまり、何度も言うが楕円軌道を描いて飛ぶミサイルが弾道ミサイルということだ。

しかし、ロシアの9M723短距離弾道ミサイルは、最大射程500キロメートル、高度80キロメートルとされているが、これは弾道軌道（＝楕円軌道）で飛ばした場合で、4枚の動翼や、噴射口の中に突き出し噴射の向きを変える4枚のベーン（さらに、8個の小型噴射装置）を使って、発射直後に機動しつつ上昇、どちらの方角に向かうか分かりにくくした上で、敵レーダーをかいくぐるように低く標的の方向に飛び、標的の近くでさらに機動するとされる。この飛び方は、飛距離は短くなるものの、西側の弾道ミサイル防衛をかわそうというものだ。

韓国軍は、イスラエル製のグリーンパイン・レーダー2基を装備し、北朝鮮の弾道ミサイルや巡航ミサイルの飛跡を詳細に把握すると言われている。2019年5月4日、KN-23の初めての発射で、9M723ミサイルのように、ミサイル防衛をかわすような飛び方をしていたのならば、楕円軌道と簡単には断定できず、韓国軍合同参謀本部が「短距離ミサイル」としたのは、上記の条約上の弾道ミサイルの定義に当てはめることは困難と、2019年5月4日時点の韓国軍は判断したのかもしれない。当時のポンペオ米国務長官も、同日の時点では「短距離」との判断は示したが、弾道ミサイルかどうかの判断は示さなかった。ただ、北朝鮮は2019年5月9日にも、午後4時29分と同49分ごろ、北朝鮮・北西部の平安北道・亀城から飛翔体を1発ずつ、東の方向へ発射。推定飛翔距離は約420キロメートルと約270キロメートル、高度は約40キロメートルで、米国防省は2019年5月9日、「複数の弾道ミサイル」と分析。当時の岩屋防衛相も「弾道ミサイル」と分析した上で「国連安保理決議違反」とコメントした。2019年5月9日の発射には「楕円軌道」が認

グリーンパイン・レーダー（写真上）は、ARROW迎撃ミサイル（写真右）用に開発されたイスラエル国産レーダー（写真上：US Navy、写真右：IAI）

められたということだろうか。北朝鮮は、同年7月25日に再度、KN‐23を発射。約600キロメートル飛翔し到達高度は約50キロメートルだったが、米韓連合軍は翌26日「プルアップ(*pull-up*＝下降段階で上昇)機動をした」と公式に認めた。[※5] さらに、北朝鮮のメディア「労働新聞」も同日、金正恩委員長が「発射の全過程を注意深く観察し、今日、我々は、新型戦術誘導兵器システムの優位性と完全性をよりよく知ることとなった。特にこの戦術誘導兵器システムの迅速な火力対応能力、防御するのに容易ではない低高度滑空ジャンプ飛行軌道の特性とその戦闘的威力を直接、確認して確信できるようになり満足したと述べた」と報じた。つまり、KN‐23は、北朝鮮側の表記でも、米韓連合軍の評価でも、単純な弾道軌道(楕円軌道)を描かず、INF条約や新START条約の「弾道ミサイル」の定義から外れる飛び方をしたことになる。

どうして、こんなことが可能になるのか。北朝鮮メディアがリリースした画像を見るとKN‐23は、イスカンデルMシステムで運用される9M723(または、9M723‐1)ミサイル同様、噴射口に4方向から差し込まれたベーンがあり、噴射そのものの向きを変え、また、噴射口の周りには、4枚の操縦翼があり、噴射終了後も滑空するKN‐23ミサイルの飛翔方向、高度を変更しうる。

さらに、同年8月6日にもKN‐23は発射されているが、韓国軍合同参謀本部は「到達高度は約37キロメートル、飛距離約450キロメートル、最高速度はマッハ6・9以上」と発表した。マッハ5を超える速度は「極超音速」である。

韓国内には、韓国空軍のPAC‐3CRIミサイルとPAC‐2GEM‐Tミサイルの発射

※5　韓国・聯合ニュース2019/7/26

機×計48基と米陸軍のＴＨＡＡＤ地対空システム１個中隊がミサイル防衛用に展開している。もともと、楕円軌道を描く弾道ミサイルであれば、防御側は高性能のセンサーやコンピュータでもって、その未来位置が予測できる。これが現在のＢＭＤ（弾道ミサイル防衛）の前提だが、ＫＮ‐23の軌道は低いため、地上や海上のレーダー等のセンサーで捕捉しにくい。その上、下降途中で上昇（プルアップ／ジャンプ）して、弾道軌道（＝楕円軌道）にならないとすれば、未来位置の予測が困難となり、ＢＭＤの前提が狂うことになる。

イージス艦で使用する迎撃ミサイル、ＳＭ‐３は、弾道ミサイルを空気の薄いところで迎撃することを前提に迎撃弾頭が設計されており、高度70キロメートル未満では迎撃が難しいとされている上に、軌道が変化するのなら、弾道ミサイルの弾頭の位置の予測が難しいためイージス／ＳＭ‐３では迎撃は難しいだろう。

また、ＫＮ‐23は、従来の弾道ミサイルの定義「弾道軌道を描いて飛ぶ」に当てはまらない可能性があるが、国連安保理決議が北朝鮮に禁止していることのひとつが「弾道ミサイル技術を使用した……（中略）……発射」であるため、ロケット・モーターを使用するＫＮ‐23の発射そのものは、安保理決議違反にならないとは言い難いだろう。

だが、このような、『低軌道』で、『滑空によって変化する軌道』というミサイル技術を北朝鮮が手中にしたということは軽視できることではない。ＫＮ‐23型について、防衛省は「ロシアのイスカンデルと外形上の類似点」があるとした上で、「イスカンデル」の特徴について①上昇時の機動、②低空軌道によるレーダー回避、③ステルス性が高く、小さいレーダー反射、④終末段階の機動、をあげている。[※6] これは、イスカンデルMシステムに搭載・発射される9M723ミサイルのことを指しているとみられる。9M723の特徴が、そのままKN‐23型に当てはまるかどうかは不明だが、防衛省は「北朝鮮自身も『防御が容易ではないであろう……（中略）……低高度滑空跳躍型飛行軌道』等と発表」したことに注目し、「ミサイル防衛網を突破することを企図[※7]」と分析した。

KN‐23そのものは、短距離ミサイルで、DMZ（38度線）にかなり近いところに展開しない限り日本に届かない。だが将来、北朝鮮が低軌道滑空軌道ミサイル技術を日本に届くミサイルに応用しないとも限らないだろう。前述の通り2021年1月14日のパレードには、KN‐23を大型化したような2連装ミサイルを搭載した自走発射機が登場していたのだ。

「超大型放射砲」KN‐25、「戦術誘導兵器」KN‐24とは

北朝鮮は2020年にも、3月2日、9日、21日、29日と4度にわたってミサイルを訓練、または試験発射した。発射の翌日に北朝鮮メディアを通じてリリースされた画像

KN-24"ATACMSもどき"の発射シーン（写真：朝鮮労働党機関紙 労働新聞）

※6　防衛省「北朝鮮による核・弾道ミサイル開発について」2020年4月
※7　防衛省「北朝鮮による核・弾道ミサイル開発について」2020年4月

によると、３月２日、９日は装輪式自走４連装発射機を使用してミサイルを発射。北朝鮮の労働新聞の記事にはミサイルの名称は無かったが、リリースされた画像は北朝鮮メディア呼称で「超大型放射砲」、米軍呼称でいう「KN-25」のようであった。

そして２０２０年３月29日には、装軌式自走６連装発射機「超大型放射砲」の試射に〝成功〟と北朝鮮メディアは報じた。北朝鮮は「超大型放射砲」の名称を、２０１９年には「装輪式自走４連装発射機」に、２０２０年には「装軌式自走６連装発射機」に使用したことになるようだ。２０１９年７月31日、８月２日に発射され、その翌日にリリースされた片側転輪10輪という自走６連装発射機システムを、北朝鮮メディアは「大口径操縦放射砲」と呼んでいたが、これは２０２０年３月にリリースされた「超大型放射砲」の画像にそっくりであった。２０１９年にリリースされた画像の一部はモザイクが掛かっていたため弾体の形状が確認できなかったが、２０１９年の発射の際には、最高速度マッハ７という極超音速を記録している。２０１９年に公開された画像「大口径操縦放射砲」では、キャニスターから飛び出した弾体にモザイクが掛かっていたため、やはり、形状が確

超大型放射砲(KN-25)(写真：朝鮮労働党機関紙 労働新聞)

認出来なかったが、この「超大型放射砲」と2020年3月2日、9日に発射されたミサイル(2019年の北朝鮮呼称「超大型放射砲」KN‐25、最高速度マッハ6・5)とは、弾体の形状、特に先端の4つの突起、後端の翼など、そっくりであった。北朝鮮は同じ、または同系列の弾体を使用する2種類の移動式発射機(4連装装輪、6連装装軌)を開発していた、ということだろうか。

ここでKN‐24、KN‐25ミサイルについて、整理しておこう。

注目されるのが、2020年3月21日に2発、発射されたミサイルだ。これについて北朝鮮メディアは、翌22日、「戦術誘導兵器」と呼んだが、リリースされた画像は、2019年8月10日、16日に発射された北朝鮮名称「新兵器(米軍呼称KN‐24、通称、ATACMSもどき)」にそっくりであった。KN‐24は、2019年の発射の際は最高速度マッハ6・1の極超音速を記録し、デプレスド(低進弾道)軌道で飛翔していたが、韓国軍統合参謀本部は、2020年3月21日の飛翔については、到達高度=約50キロメートル、飛翔距離=約410キロメートルと発表。さらに、下降途中で上昇する「プルアップ」も掌握した。

韓国軍は、2012年以来、イスラエル製のEL/M‐2080グリーンパイン・ブロックBレーダー2基で北朝鮮のミサイル発射を監視する態勢をとっている。グリーンパイン・ブロックBは、元々はイスラエルのアロー迎撃システム用に開発されたレーダーで、探知距離600キロメートルとされる。韓国は、2018年に同時に複数の標的を追尾する能力を向上させ、探知距離も800キロメートルに延伸したグリーンパイン・ブロックC×2基を発注。2020年代初期に韓国に引き渡される予定だ。従って、2020年3月現在では、韓国にはグリーンパイン・ブロックCが存在するとは考えにくいので、グリーンパイン・ブロックBやイージス艦のSPY-1レーダー等で2020年3月の北朝鮮の一連の発射に対応した可能性が高いだろう。ただ、今後韓国がグリーンパイン・ブロックCレーダーを入手すれば、北朝鮮の軌道が変わるミサイルの捕捉・追尾能力の高度化に繋がるかもしれない。

北朝鮮メディア・労働新聞（2020/3/22）も、前日の「戦術誘導兵器」の飛行について「飛行軌道の特性と落下角度の特性、誘導弾の精度と弾頭威力がはっきり誇示された」と記述しており、北朝鮮自身も飛行中の機動性を重視して開発したことを示唆している。

つまり北朝鮮は、極超音速で飛翔し、プルアップで軌道を変えるミサイルを少なくとも二種類保有していることになる。また、KN-23とKN-24のランチャーは、どちらも二連装であることが目を引く。北朝鮮軍の軌道が変化するミサイルについての戦術を反映しているのだろうか。

KN-23もKN-24もKN-25も、ロケットブースターから弾頭を分離するミサイルではないが、プルアップや低進弾道で飛翔するミサイルであり、不規則軌道のミサイルとされる。

フランス

ラファールF4搭載の極超音速巡航ミサイルASN4Gを開発

もちろん欧州でも、極超音速兵器に注目している。前述の米議会報告「Hypersonic Weapons：Background and Issues for Congress」（2020年12月1日版）によると、フランスは1990年代から極超音速技術の研究に投資し、その技術を兵器に応用する意図も発表している。

フランスは、「V‐max（*Experimental Maneuvering Vehicle*）プログラム」の下で、2022年までにラファールF4戦闘機に搭載される空対地ASN4G極超音速巡航ミサイルを開発する予定だ。V‐maxプログラムは、成功すれば、現在ラファールF3戦闘機に搭載されておりフランスの戦略核の一端を担っているASMP‐A核ミサイルに代替することを目的としていると考えられている。

なお、フランスは5つの極超音速風洞を運用しており、マッハ21までの速度をテストできるとみられている。

冒頭で触れた米国のオバマ政権は、究極の非核化を掲げ、戦略核兵器の非核化の手段として、バイデン副大統領（当時）の主導の下、極超音速ミサイル・プロジェクトを進めようとして失敗した。２０２１年１月に誕生した米国のバイデン政権が、極超音速ミサイルを〝非核〟兵器として開発を続けるのかどうか、この原稿を書いている時点では不明だが、フランスがV-maxプログラムで極超音速核兵器を目指すのなら、それはNATO内で齟齬が生じたものとみられるかもしれない。

　ドイツは２０１２年にSHEFEXⅡ（実験用極超音速滑空体）のテストに成功した。しかしドイツはこのプログラムを撤回した可能性があるが、ドイツのDLR（ドイツ航空宇宙センター）は、マッハ５～６の設計を目指す欧州連合（EU）のATLASⅡプロジェクトの一環として、

能力向上を続けるラファール戦闘機（写真：Dassault Aviation - A. Pecchi）

ラファールF3戦闘機に搭載されたASMP-Aミサイル（機体中央）（写真：SIRPA Air）

極超音速機の研究とテストを続けている。

ドイツには3つの極超音速風洞があってそれらを運用しており、マッハ11までの速度を試験できる。ドイツが極超音速兵器開発に進むかどうかは不明だが、その潜在的能力はあるといえるだろう。

極超音速ミサイル開発プロジェクトは、軍事大国、兵器技術先進国だけのものではなく、また極超音速ミサイルそのものも、世界では珍しいものではなくなる可能性があるということかもしれない。

日本

「島嶼防衛用高速滑空弾」と「極超音速誘導弾」ふたつの極超音速ミサイル研究・開発

ところで、中国、ロシア等、周辺国で配備を含めた極超音速兵器計画がすすめられる中、日本もまた、各国から「極超音速」研究で注目される国になりそうだ。

米議会報告「Hypersonic Weapons：Background and Issues for Congress（2019/9/17版）」には「世界の極超音速兵器計画」という項目があり、そこではフランスや韓国と並び「日本は、琉球列島の防衛を強化するために極超音速高速滑空体（ＨＶＧＰ：*Hyper Velocity Gliding Projectiles*）を開発している。Jane's誌によると、日本は２０１９年度にプログラムに1億２２００万ドルを投資。２０２６年度にＨＶＧＰのブロックⅠ、２０３３年度にブロックⅡを展開する予定だ。宇宙航空研究開発機構（ＪＡＸＡ）は、３つの極超音速風洞を運営し、三菱重工業と東京大学に２つの施設を追加している」というのである。こうした記述からは「日本は極超音速巡航ミサイル（ＨＣＭ）と極超音速滑空発射体（ＨＶＧＰ）を開発している」ということになるのだろう。

また「伝えられるところによると、２０２４年から２０２８年の両方の時間枠で、空母を無力化するための１つのＨＶＧＰ弾頭とエリア抑制のための１つのＨＶＧＰ弾頭を配備する予定」（同上）だ。

では、日本のＨＶＧＰとは、どんな計画なのか。

２０１９年11月13日に開催された防衛装備庁のシンポジウムでは、「島嶼防衛用高速滑空弾」の解説があり、

高速滑空弾 運用イメージ例

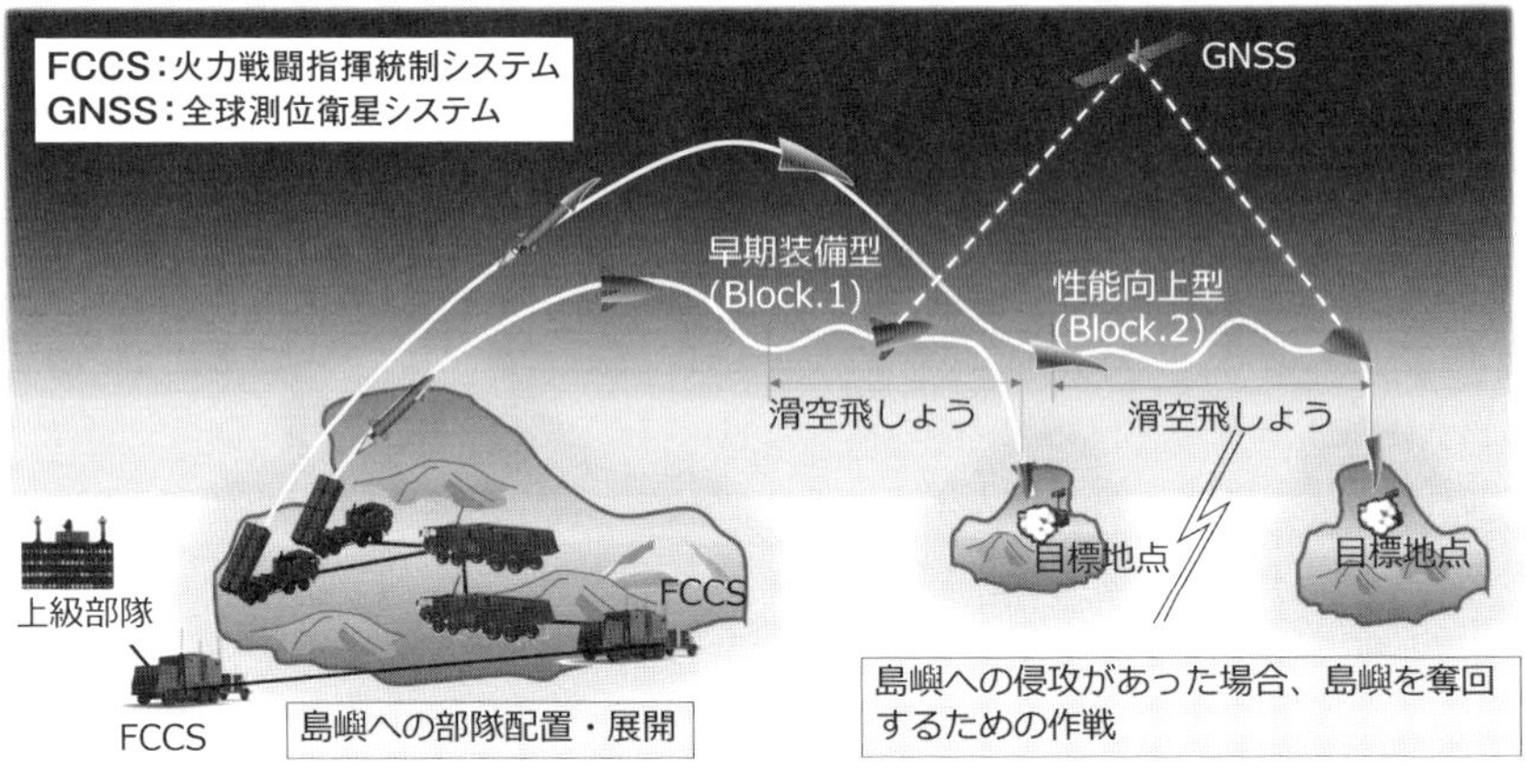

（イラスト：防衛装備庁「島嶼防衛用高速滑空弾の現状と今後の展望」長官官房装備開発官（統合装備担当）付高高度超音速飛しょう体システム研究室（2019年）より）

ブロックⅠ、ブロックⅡともに、ブースターから切り離された弾道部は、極超音速で滑空し、特に、ブロックⅡでは、極超音速での衝撃波によって、揚力を発生する「ウェーブライダー」という形状になるという。弾頭の胴体がウェーブライダー形状なら、胴体そのものが揚力を発生するので、揚力のための翼を考える必要性が少なく、比較的小さな操縦翼で、極超音速兵器の特徴である軌道の変更が可能になることになる。

目指す速度や射程、高度等について具体的な数値は示されなかったが、ウェーブライダーが揚力を増す形状ということならば、高速滑空弾のブロックⅠより、ブロックⅡの方が飛距離は長くなるということかもしれない。

防衛装備庁の「島嶼防衛用高速滑空弾の現状と今後の展望」[※8]には、「米、露、中などが

技術獲得後の将来像

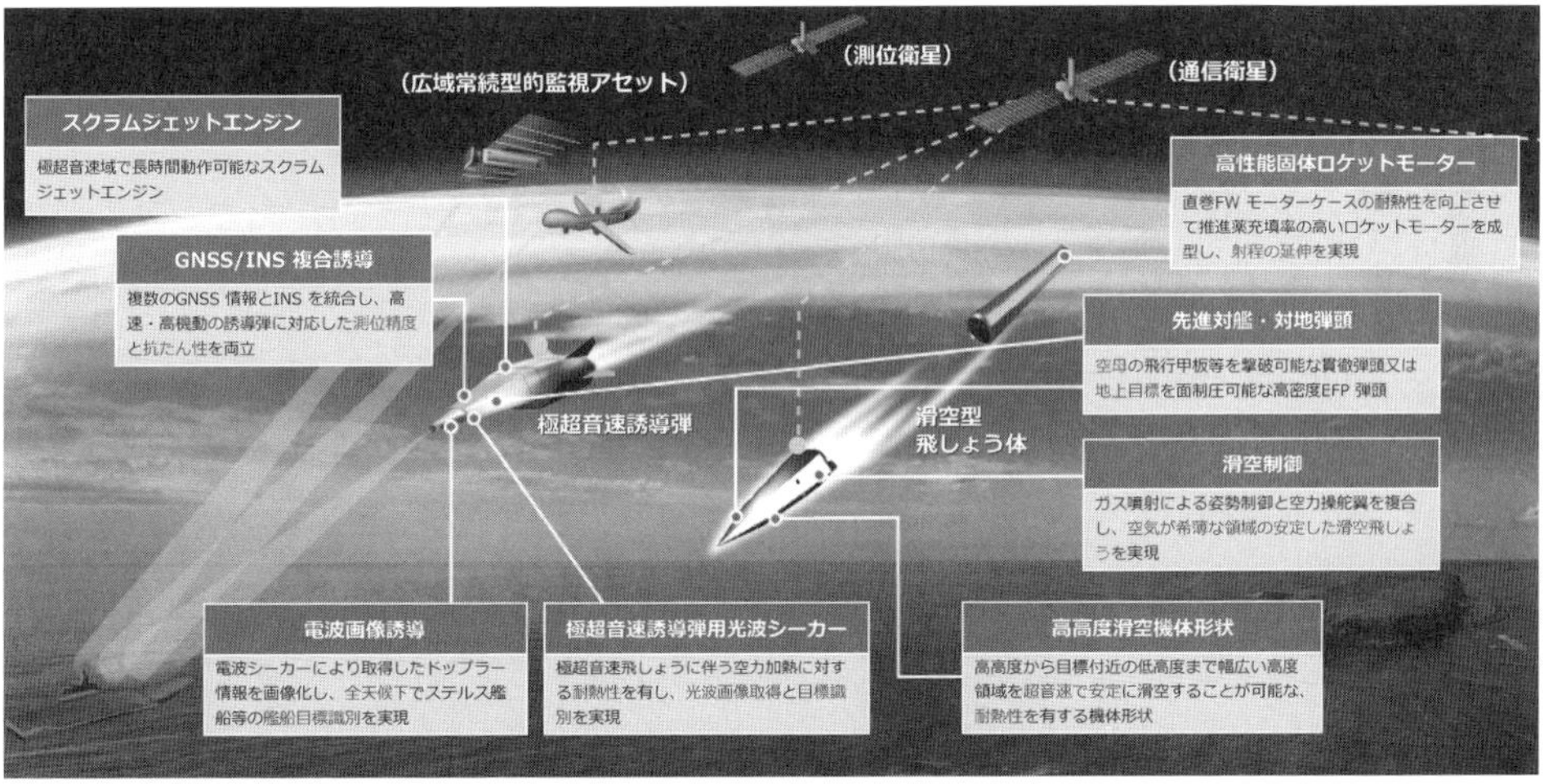

将来の脅威に備え、広域常続的警戒監視の各種アセットおよび衛星通信網を活用し、スクラムジェットエンジンを搭載した極超音速誘導弾や、高性能固体ロケットモーターを利用して加速する滑空型飛しょう体により、スタンド・オフ防衛能力を強化

（防衛装備庁「研究開発ビジョン 多次元統合防衛力の実現とその先へ」解説資料「スタンド・オフ防衛能力の取組」より）

※8　2019年 https://www.mod.go.jp/atla/research/ats2019/doc/fukuda.pdf

開発を競う高速滑空技術や極超音速技術による、将来の戦闘様相のゲームチェンジャーとなりえるこれらの技術を諸外国に遅れを取ることなく研究」として、島嶼防衛用高速滑空弾が、米、露、中の極超音速兵器に遅れをとらない兵器を目指すことを事実上、示している。そして、掲載されたイラストでは、ミサイルを入れたキャニスターを2個積んだ装輪式の自走ランチャー×複数、自走再装填装置に、指揮車輌であるＦＣＣＳ（火力戦闘指揮統制システム）×1輌を加えて、1個部隊を形成。さらに、複数の部隊の上に、別のＦＣＣＳ×1輌で指揮系統を構成するようだ。このイラストで興味深いのは、早期装備型である「ブロック1」の滑空体も、「後期装備型」の「ブロック2」の滑空体も、ＧＮＳＳ（全球測位衛星システム）の信号を受信するように描かれていることだ。ＧＮＳＳは、ＧＰＳや準天頂衛星（ＱＺＳＳ）等の衛星測位システムの総称だが、日本の島嶼防衛用高速滑空弾は、極超音速の飛翔であっても、衛星測位システムによる位置確認が可能であるということだろうか。前述の通り、極超音速での飛翔は、空気のプラズマ化によって通信の問題があるとみられるが、日本の島嶼防衛用高速滑空弾は、ブロック1でも、ブロック2でも、空気のプラズマ化による通信途絶の問題は

ウェーブライダー機体上下面の圧力分布(イメージ)

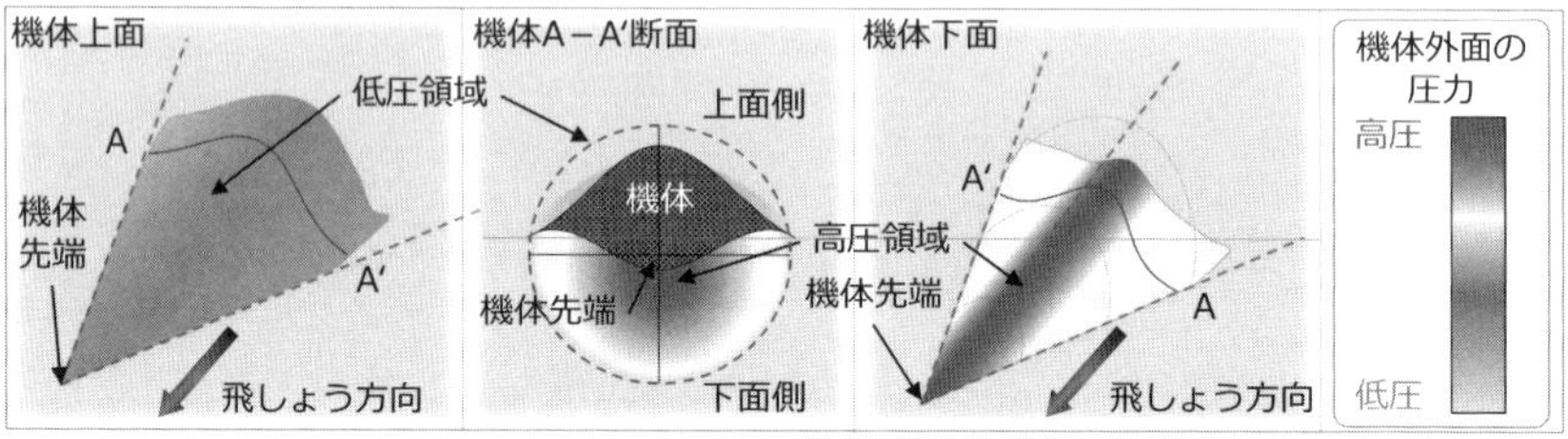

(イラスト：防衛装備庁「島嶼防衛用高速滑空弾の現状と今後の展望」長官官房装備開発官(統合装備担当)付高高度超音速飛しょう体システム研究室(2019年)より)

起きないということだろうか。興味深いところである。なお、「平成31年度以降の防衛大綱（30大綱）」では、２個大隊を配備することを明記している。

防衛装備庁は「研究開発ビジョン スタンド・オフ防衛能力の取組」（２０２０年3月31日）で、「研究開発ロードマップ」[※9]を提示しているが、それによると、「高速滑空弾（早期装備型）ロケットモーター」と「高速滑空弾（早期装備型）」の中核技術を２０２４～28年に確立し、「島嶼防衛用高速滑空弾ブロック１」の開発を示唆。さらに２０２９～38年に「高速滑空弾（能力向上型）ロケットモーター」と「高速滑空弾（能力向上型）」を確立し、「島嶼防衛用高速滑空弾ブロック２」の技術確立を示唆している。

そして、島嶼防衛用高速滑空弾プロジェクトとは別に、ラムモードとスクラムモードの２つのモードで、極超音速飛行を可能とする「スクラムジェット」の研究によって「極超音速誘導弾」の開発を目指すことを示唆している。つまり、防衛装備庁は、極超音速滑空体ミサイルと極超音速巡航ミサイルの研究開発を並行して進め、「将来の脅威に備え、広域常続的警戒監視の各種アセット及び衛星通信網を活用し、スクラムジェットエンジンを搭載した極超音速誘導弾や、高性能固体ロケットモーターを利用して加速する滑空型飛しょう体により、スタンド・オフ防衛能力を強化」と、二種類の極超音速ミサイル研究・開発を進める意義を強調している。[※10]

日本もまた、極超音速兵器に踏み出す、と他国から見なされる所以だろう。

※9 https://www.mod.go.jp/atla/soubiseisaku/vision/rd_vision_kaisetsuR0203_05.pdf
※10 https://www.mod.go.jp/atla/souhon/pdf_choutatsuyotei/23_buki_r02.pdf

第6章

極超音速ミサイルへの対処

ここまで、世界の極超音速ミサイルの開発と配備状況について見てきたが、では極超音速ミサイルによる攻撃に対して防御側は、どのように対処したらいいのだろうか。その話に入る前に、弾道ミサイルや巡航ミサイル脅威に対する既存の対処手段について、簡単に記述しておきたい。

基本的なミサイル防衛の方法

弾道ミサイル、巡航ミサイル、極超音速ミサイル軌道が異なり対処方法もちがう

現在のミサイル防衛は、大きく分けて、弾道ミサイル防衛と巡航ミサイル防衛の2種類。

弾道ミサイルは、ロケット・ブースターで打ち上げて、噴射終了後もそのミサイルや切り離された弾頭が上昇、弾道（楕円軌道）を描いて標的に落下する。このため弾道ミサイル防衛では、

発射を捕捉し飛翔を追尾するために、まず、宇宙に置かれた人工衛星の赤外線センサーで発射を探知する。米国は基本的に、地球の赤道から3万6000キロメートル離れた静止衛星軌道に、地球から見て常に同じ位置にあるように見える早期警戒衛星SBIRS‐GEOやDSP、それに北極、南極の上空を通過する極軌道の衛星に搭載されたSBIRS‐HIGHセンサーを配置している。米国のみならず、米国の同盟国は、弾道ミサイルの発射探知は、これらの衛星搭載赤外線センサーのデータに依存している。これらの衛星が、地上や海上での赤外線の大量放射を感知すると、そのシグナルは、地上のシグナル受信・解析装備に送られる。赤外線の放射が移動せず拡大すれば、火災や火山噴火、それに核実験

BMD整備構想・運用構想（イメージ図）

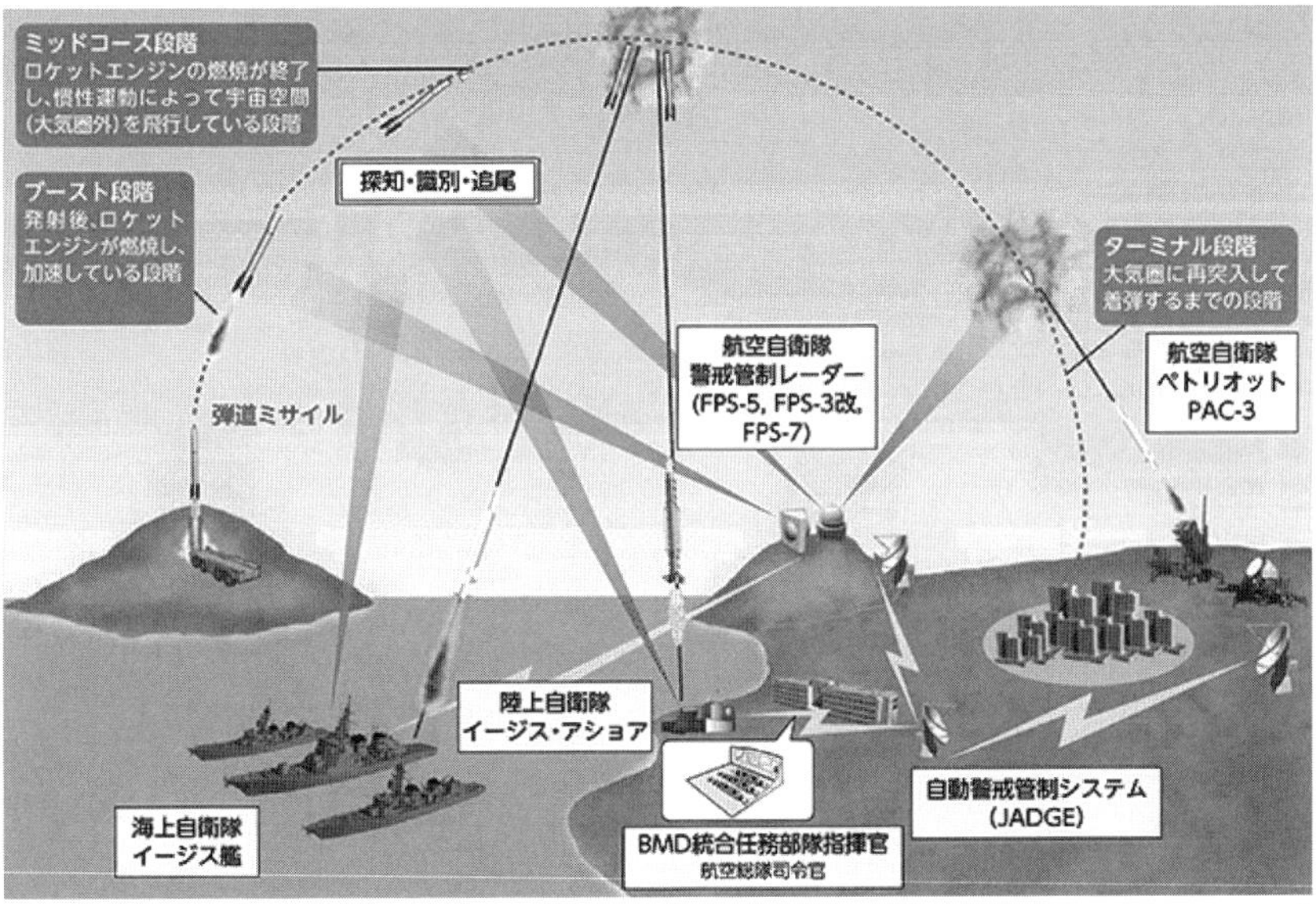

（イラスト：令和2年版 防衛白書より）

の可能性があり、地上や海上を背景にした赤外線の放射が、一定の速度以下で移動しているなら、アフターバーナーを使用中の戦闘機や攻撃機、爆撃機等の航空機や巡航ミサイル、さらに一定の速度以上で移動するなら弾道ミサイルの可能性があると判断される。

弾道ミサイルは楕円軌道を描いて飛ぶので、噴射しながら上昇し、噴射終了後、運動エネルギーによって楕円軌道を描いて飛翔する空中での未来位置や弾着エリアがある程度、予測できる。これが、弾道ミサイル防衛の前提であり、飛翔を捕捉して時間がたつと、着弾する可能性があるエリアが割り出せる。これをフットプリントと呼ぶが、弾道ミサイルが飛翔するにつれて、フットプリントは徐々に狭まってくる。これと並行して、弾道ミサイルの飛翔であることが判明すれば、地上の警戒レーダーや迎撃システムに、弾道ミサイルの発射や飛翔が連絡される。これをキューイングと呼ぶ。そしてキューイングを受けた迎撃システムが稼働、迎撃ミサイルを誘導し、迎撃を開始するのである。

一方、巡航ミサイルの一般的な特徴は、弾道ミサイルよ

弾道ミサイル vs 極超音速兵器

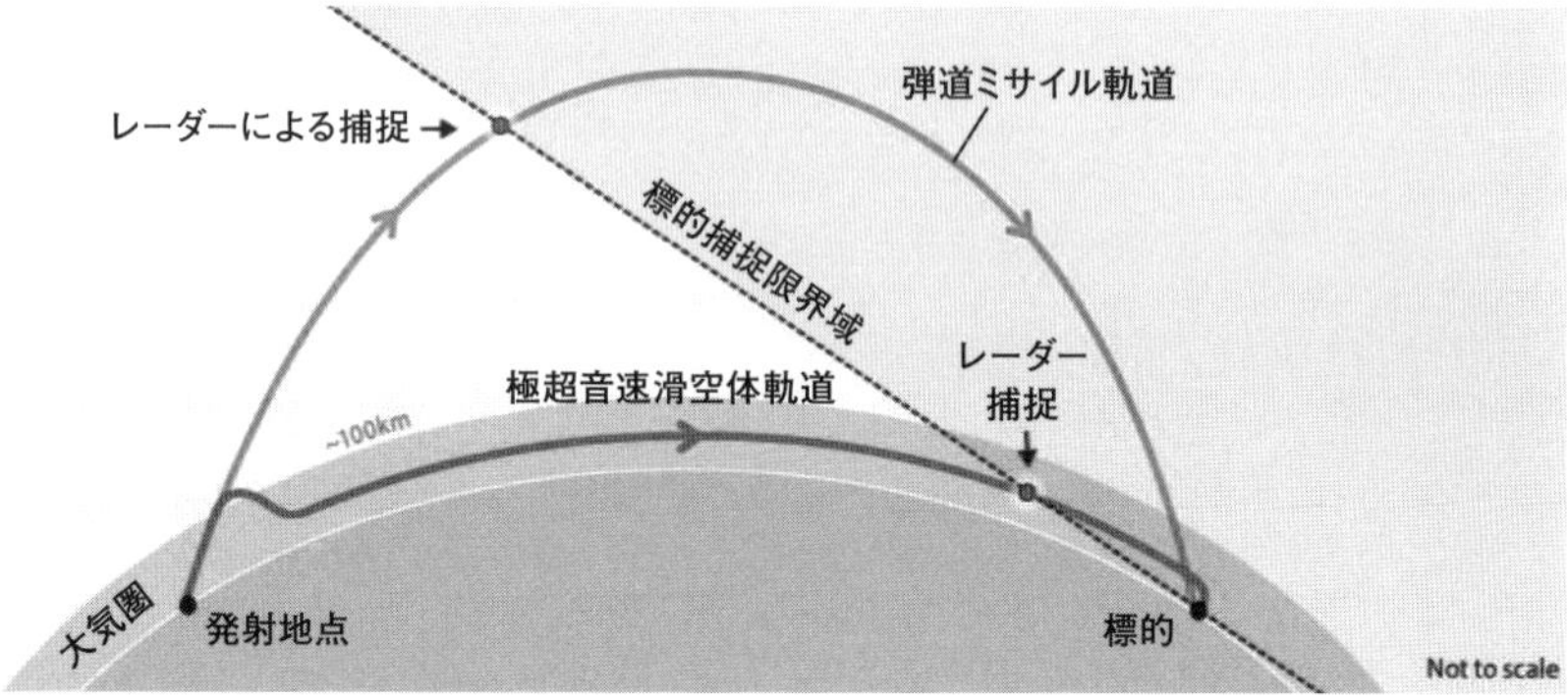

出典：米議会調査局（CRS）イメージ。The Economist（2019/4//6）掲載図よりCRS作成

り低速だが、遙かに低い高度で飛び、コースを変えることができること。巡航ミサイル迎撃手段の代表的なものは、米海軍が開発したＮＩＦＣ（海軍統合射撃管制）だが、これは巡航ミサイルより高い高度で飛翔を続ける〝空飛ぶレーダー・サイト〟Ｅ－２Ｄ早期警戒機のレーダーが、洋上や地上を這うように飛ぶ巡航ミサイルを捕捉すると、その巡航ミサイルの飛翔・追尾データをリアルタイムで、ＣＥＣ（共同交戦能力：*Cooperative Engagement Capability*）という仕組みを通じて、イージス艦に伝達。イージス艦から見て、巡航ミサイルが見通し水平線の下を飛翔している段階では、イージス艦のレーダーに巡航ミサイルは映っていない。このため、イージス艦は、Ｅ－２Ｄから送付されてきたデータに基づき、ＳＭ－６迎撃ミサイルを発射、誘導する。そして、ＳＭ－６迎撃ミサイルのセンサーで標的となる巡航ミサイルを捕捉すれば、その標的を捕捉・追尾して、迎撃する。

弾道ミサイル防衛では対処できない極超音速ミサイル

では、極超音速ミサイル対処の話に戻ろう。

極超音速ミサイルもロケット・ブースターを用いるため、噴射が継続している限りは、弾道ミサイルと同様の上昇を行う。この上昇段階にあるときは、早期警戒衛星網には弾道ミサイルと同様に見えるだろう。しかし、極超音速滑空体及び極超音速巡航ミサイルは、ロケット・ブースターから切り離された後、単純な楕円軌道を描かない。前述の通り、米政府会計検査院資料[※1]によれば、

※1　GAO、SCIENCE & TECH SPOTLIGHT: HYPERSONIC WEAPONS（2019年9月版）

極超音速滑空体の飛翔高度は約40～96キロメートルとされ、一般に弾道ミサイルの再突入体／弾頭より低く、大気中を機動しながら、滑空する。つまり、極超音速というマッハ5以上の速度で滑空するグライダーのようなものだ。機動するため、未来位置の予測は難しい。

そして、弾道ミサイルの再突入体／弾頭部より、速度は遅くなるかもしれないが、一般に極超音速滑空体の飛距離は、同じロケット・ブースターを用いる弾道ミサイルより、滑空するため延びるとされている。

極超音速巡航ミサイルは、スクラムジェット・エンジンを搭載したミサイルだ。スクラムジェット・エンジンは、空気取り入れ口から高速で流入する大気の酸素を酸化剤のように使用するエンジンで、弾道ミサイルで使用されているのと同様のロケットブースターで、スクラムジェットが稼働できる超音速域に加速すると、スクラムジェット・エンジンの空気取り入れ口を開き、マッハ5以上の極超音速域に加速する。極超音速巡航ミサイルは大気中の酸素を使用するため、大気中でないと飛行できない。前述の米政府会計検査院資料[※1]によれば、極超音速滑空体より低く、飛行高度は、19～30・

スクラムジェット・エンジン

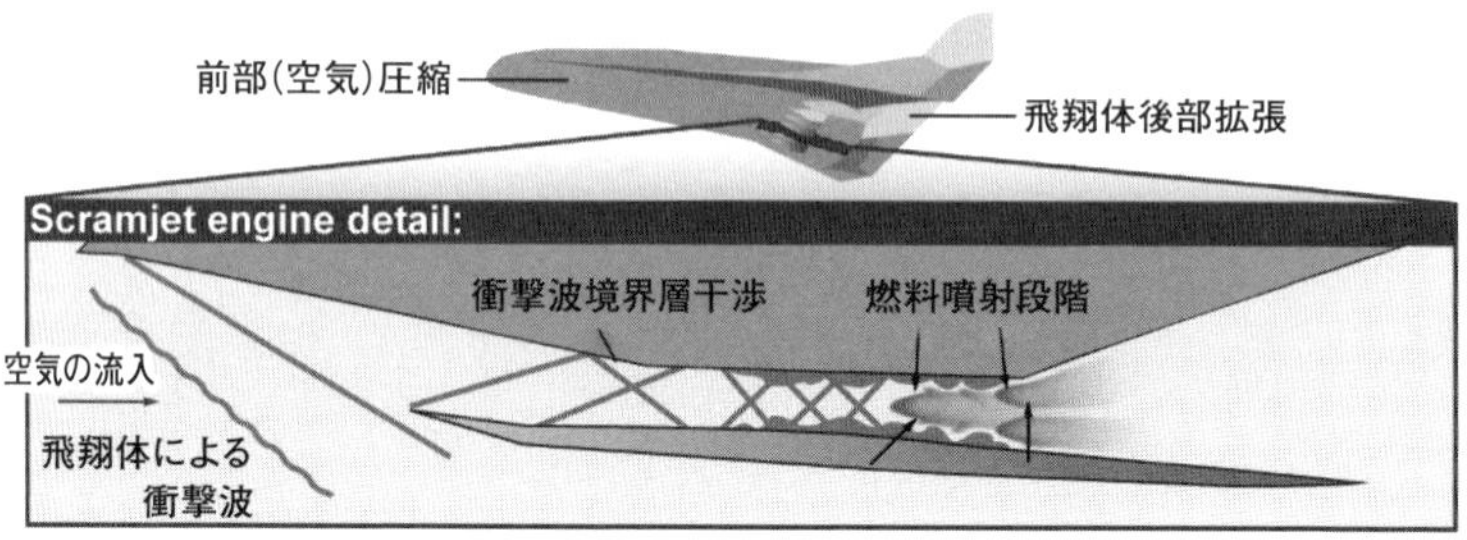

Source: GAO. | GAO-19-705SP

空気はマッハ1よりも速い速度でインレットに入り、その後エンジンの形状によって圧縮され、超音速で燃焼する（図：GAO）

4キロメートルになるとみられている。

このように、極超音速滑空体ミサイルも、極超音速巡航ミサイルも、弾道ミサイル同様のロケットブースターを使用するため、「発射」の探知と「噴射継続（ブースト・フェーズ）中」の追尾は、現状の米国の早期警戒衛星システム（SBIRS＋DSP）でも可能と言うことになるかもしれない。

しかし、ブースターから分離した後の極超音速滑空体も極超音速巡航ミサイルも、弾道ミサイルやその再突入体／弾頭部のような楕円軌道を描くこと無く、機動する。さらに「極超音速滑空体兵器についての米議会調査局報告」[※2]は、「極超音速の標的は、米静止軌道衛星（＝SBIRS-GEO早期警戒衛星、DSP早期警戒衛星）によって、普段追尾している対象よりも10～20倍暗い」との米国防省高官の見解を紹介している。つまり極超音速ミサイルは、早期警戒衛星のセンサーでは見つけにくい上、途中、機動するので、弾道ミサイルに比べて、未来位置や弾着点の予想が難しくなるのだ。このため、米国防省では、新たな早期警戒衛星システムを構想しているが、それは後述する。

極超音速ミサイルは、前述した従来の巡航ミサイルのように、飛翔高度が低く、機動するという点では共通点がある。だが、極超音速ミサイルは、従来の巡航ミサイルより遙かに速いので、捕捉、追尾が難しい。従って、極超音速ミサイルは、弾道ミサイル防衛の仕組みでも、巡航ミサイル防衛の仕組みでも、捕捉・追尾・迎撃が難しいことになるのである。

※2　Hypersonic Weapons: Background and Issues for Congress(2020/11/6)

米国とロシアの極超音速ミサイル防衛

では次に、米国とロシアで静かに進められている極超音速ミサイル対処についての取り組みをまとめてみよう。

1．米国の極超音速ミサイル対処プロジェクト

MDAとDARPAが打ち出した
新たな地球低軌衛星センサー

極超音速ミサイルは、弾道ミサイル同様ロケット・ブースターで打ち上げられる。このため、発射の瞬間からブースターの噴射終了までは、従来のSBIRSやDSP早期警戒衛星システムで捕捉・追尾できることになる。

しかしそれが極超音速滑空体ミサイルであっても極超音速巡航ミサイルであっても、ロケット・ブースターから切り離された後は、弾道ミサイルに比べてより高速で低高度を機動しながら飛翔する。

前述の通り「極超音速の標的は、米静止軌道衛星によって、普段追尾している対象よりも10〜20倍暗い」というのであれば、地球表面から約3万6000キロメートルも離れた静止衛星軌道

上のＳＢＩＲＳ‐ＧＥＯやＤＳＰ衛星の赤外線センサーにとっては、弾道ミサイルより遙かに〝暗い〟極超音速ミサイルを、ある程度の温度がある地表・海面を背景に見ることは困難になる。ひとつの解決策は、より高性能な赤外線センサーを積んだ衛星を、①低軌道衛星に搭載して地球表面に近づけるとともに、②低軌道の衛星は、静止軌道衛星より地球表面上のカバーできる範囲が限られるので、衛星の数を増やすこと、である。

　このため、新たな地球低軌衛星センサーとして、ＭＤＡ（ミサイル防衛局）では、ＨＢＴＳＳ（極超音速・弾道ミサイル追尾宇宙センサー：*Hypersonic and Ballistic Tracking Space Sensor*）搭載衛星（約２５０基で構成）計画とＤＡＲＰＡ（米国防高等研究計画局）のブラックジャック（*Blackjack*：地球低軌

HBTSSイメージ図

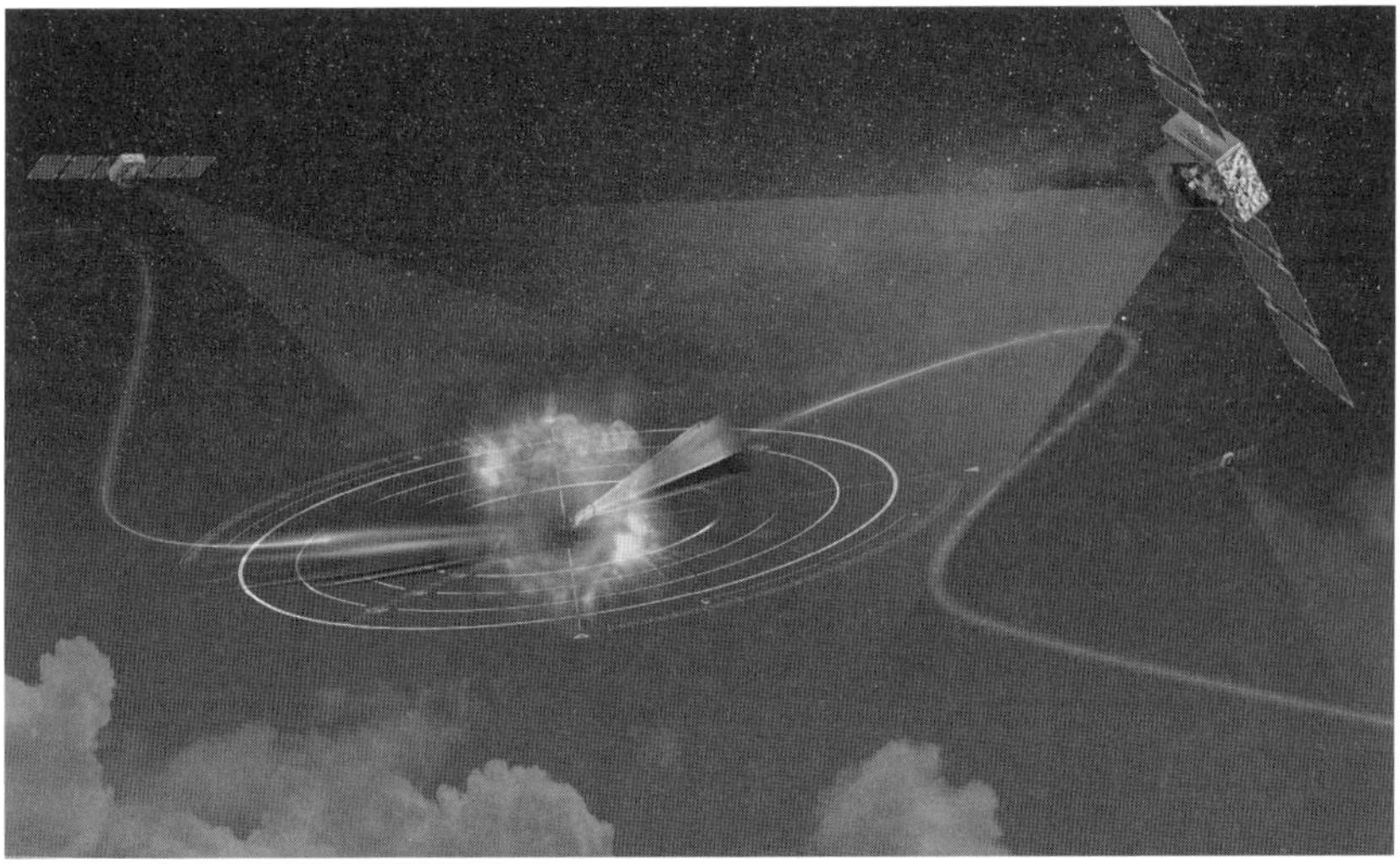

新たな地球低軌衛星センサーのひとつHBTSS（極超音速・弾道ミサイル追尾宇宙センサー）監視下での極超音速兵器迎撃（イラスト：Northrop Grumman）

道多機能衛星）計画が構想された。

ＨＢＴＳＳは米ＭＤＡが、現状の早期警戒衛星センサー（ＳＢＩＲＳ－ＧＥＯ）では捕捉が難しい極超音速滑空体を捕捉するために立ち上げようとしていたプロジェクトで、米ＭＤＡが米企業４社に２０１９年末にセンサーの設計を依頼していた。一方ブラックジャックは、通信、航法、ミサイル防衛の複数の機能を持つ衛星とされ、当初２００基という数も喧伝されていたが、ＤＡＲＰＡは２０２０年４月24日、メーカーと契約を締結、21年中に２基、22年中に18基を打ち上げる予定になった。

このように、極超音速ミサイルの捕捉・追尾をする早期警戒衛星システムは、弾道ミサイルに対応する早期警戒衛星システムとかなり異なるものになる上、ＭＤＡ（ミサイル防衛局）とＤＡＲＰＡ（米国防高等研究計画局）が、それぞれの構想を打ち出していたことになる。

ブラックジャック概念図

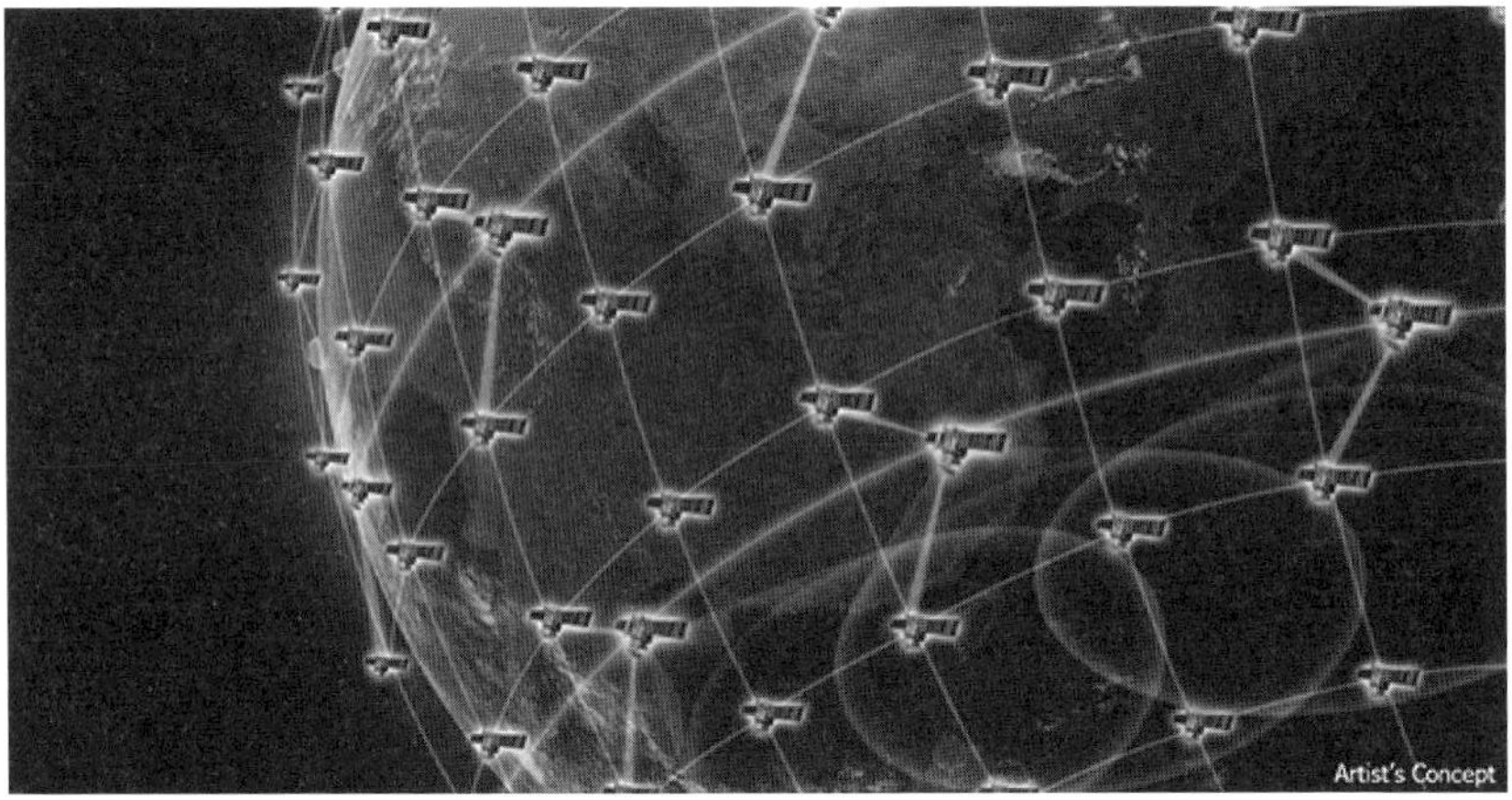

地球低軌道多機能衛星ブラックジャックは、通信、後方、ミサイル防衛の複数の機能を持つとされる
（イラスト：DARPA）

宇宙開発庁（SDA）が構築をめざす
トラッキング・レイヤー構想

こうした中、2019年3月に米国防省が設立した宇宙システムを構築するための新しい組織SDA（宇宙開発庁：*Space Development Agency*）は、極超音速ミサイルを捕捉・追尾するシステムの既存の構想等を整理し、そこで打ち出したのが「トラッキング・レイヤー（*Tracking Layer*）」構想だった。SDAが公式ホームページで引用した軍事情報サイト『C4ISRNET』の記事（20/11/9）によれば、「SDAは国防宇宙構造（NSDA）を構築するために創立された。…（中略）…これまでで最大の軍用衛星の集団は、GPSで1度に30個の衛星が軌道上にある。…（中略）…新たな構造のため、SDAは2026年までに約1000個の衛星を軌道に乗せることを望んでいる」という壮大なものだった。アメリカの衛星測位システムであるGPSでは、地球上の一点から、24時間、3〜4個のGPS衛星の信号を受信できるシステムだが、極超音速ミサイル対処には、それを遥かに超える数の衛星が必要ということなのだろう。

では、「約1000個の衛星からなる〝構想〟」とは、どんなものなのか。SDAの極超音速ミサイル捕捉・追尾衛星構想は、3種類の衛星から成るという。2種類の赤外線センサー衛星と1種類のデータ受信・送信衛星である。

SDAは、「2020年10月5日、最初の広視野（WFOV：*Wide-field of View*）衛星を製作する2社を選択。それぞれの企業は、広視野（WFOV）オーバーヘッド持続赤外線（OPIR：*Overhead Persistent Infrared*）センサーを搭載した4つの衛星を設計および開発することとなった。

複数の赤外線帯域に対応するＯＰＩＲセンサーを搭載したＷＦＯＶ衛星の目的について、ＳＤＡは「極超音速滑空体や発達した次世代ミサイル脅威のミサイル追尾データを提供しうる」[※3]と説明していた。ブースターから切り離された後、赤外線放射が格段に少なくなる極超音速滑空体や次世代ミサイルも追尾できる衛星だというのである。

ミサイル防衛のためには、標的となる敵のミサイルの位置、飛翔のデータに基づいて、地上／海上の迎撃システムのセンサーを起動させる「合図」が必要である。この合図をキューイングと呼ぶが、トラッキング・レイヤー構想では、ＭＦＯＶ（中視野）衛星、ＷＦＯＶ衛星がキャッチした

トラッキング・レイヤー概念図

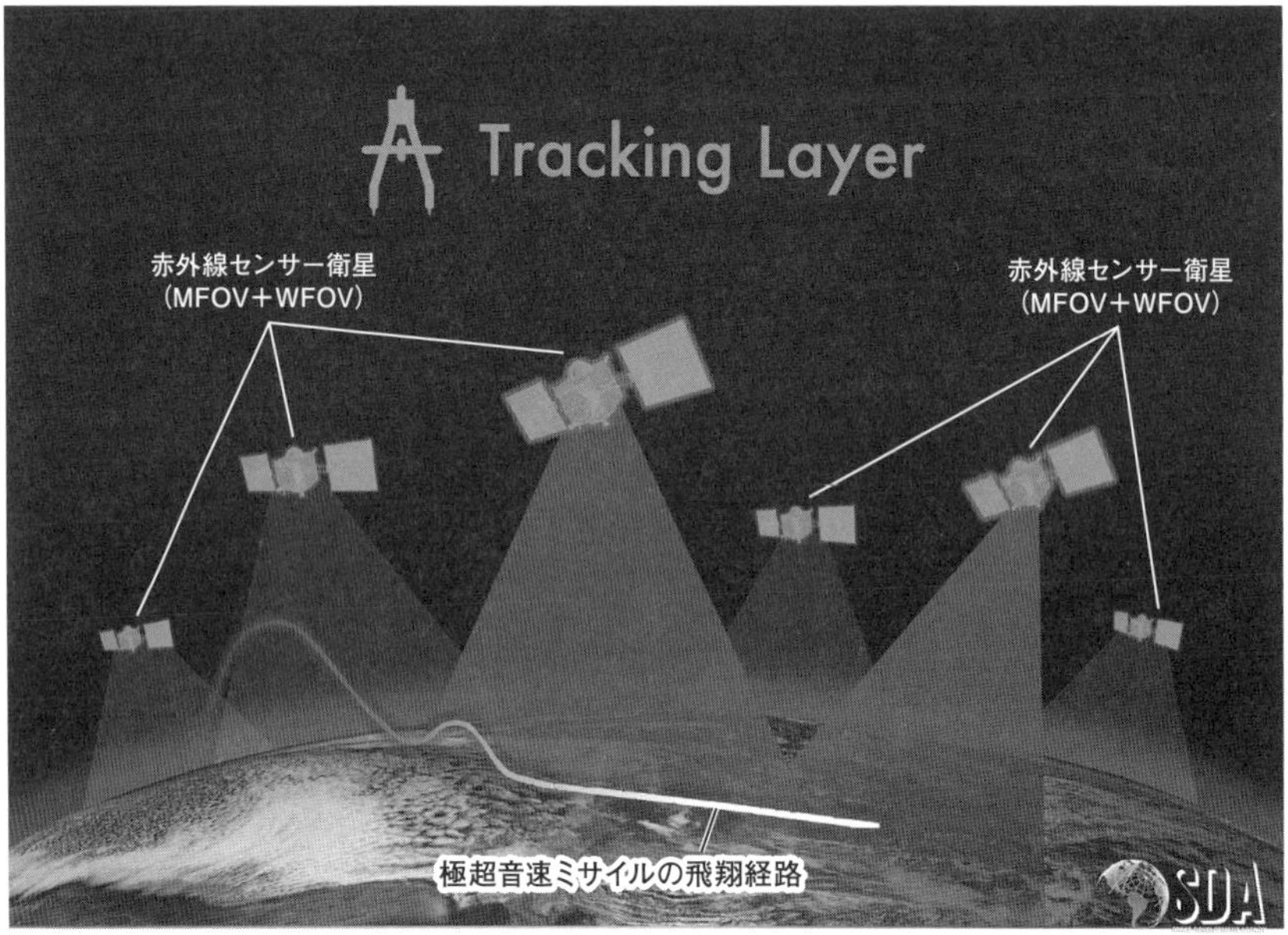

（イラスト：SDA）

※3　DefenseWorld.net, 2020/10/6

敵ミサイル追尾データをリレーする衛星群、トランスポート・レイヤーも構成してキューイングを出せるようになるということだ。

このトラッキング・レイヤーは、2020年10月時点の構想では、トランシェ0、トランシェ1、トランシェ2と段階を追って発展させる見通しで、最初のトラッキング・レイヤー・トランシェ0は、22会計年度末までに打ち上げが予定される前述のオーバーヘッド持続赤外線（OPIR）センサー搭載＝広視野（WFOV）警戒衛星8個と、データリレー用のトランスポート・レイヤー衛星20個の計28個の衛星から構成される。SDAはトランシェ0の目的について、ミサイル警報と（ミサイル標的の）追尾情報を国防当局に提供し、ミサイル防衛の要素である追跡とキューイングデータを提供できることを実証することであるとしている。ということはトランシェ0はあくまでも、試験段階ということなのだろう。

次の段階であるトラッキング・レイヤー・トランシェ1は、2024会計年度後半に打ち上げられる予定で、約100〜150個の衛星から構成され「トラッキング・レイヤーの衛星は弾道ミサイルなどの脅威を検出すると、その情報をトランスポート・レイヤーの衛星に送信[※4]」する。トランスポート・レイヤーを構成する衛星は、複数の追跡システム（トラッキング・レイヤーの衛星）からデータを取得し、それらを融合し、射撃統制ソリューションを計算することができる。その後、トランスポート衛星は、戦術データリンクまたはその他の手段を介してそれらのデータを兵器プラットフォームに直接送信できるようになるのだ。そして、SDAの公式説明では、広視野（WFOV）衛星は、前述のMDAのHBTSS衛星センサーを「正確な世界規模のアクセ

※4 SPACE NEWS 2020/10/25

ス機能を有する中視野（ＭＦＯＶ）衛星」として組み合わせて、「ＳＤＡレイヤー」となり、世界規模で、永続的にカバーすることになる、

従って、トラッキング・レイヤー・トランシェ１では、①広視野（ＷＦＯＶ）衛星（ＯＰＩＲセンサー搭載）、②中視野（ＭＦＯＶ）衛星（ＨＢＴＳＳセンサー搭載）、③トランスポート衛星、の３種類の衛星が、総計１００〜１５０個、レイヤー（層）を形成して、地球の周りを、複数の軌道で周回するということになるのだろう。広視野（ＷＦＯＶ）衛星と中視野（ＭＦＯＶ）衛星の関係が、どのようになるのか、筆者には不明であるが、米国防省が作成したトラッキング・レイヤーの説明イラストによれば、トランスポート衛星が、広視野（ＷＦＯＶ）衛星や中視野（ＭＦＯＶ）衛星より、高い軌道に置かれることを示唆している。

次の段階であるトラッキング・レイヤー・トランシェ２は、２０２６年に約１０００個の衛星を打ち上げる計画だ。従来の弾道ミサイルに対する早期警戒衛星ＤＳＰ、ＳＢＩＲＳが、一桁の衛星数のプログラムであったことと比較すると、数だけでも雲泥の差と言ってもいいだろう。

トラッキング・レイヤーの目的は、前述の通り弾道ミサイルだけでなく極超音速滑空体ミサイル等に対する「ミサイル警報と追跡情報を国防当局に提供し、ミサイル防衛の要素である追跡とキューイングデータを提供する」ことであるとされる。ミサイル警報は、避難勧告を行うなど民間人にとって極めて重要なものだ。日本は現状、弾道ミサイル脅威に対して、米軍の早期警戒衛星を起源とする早期警戒情報にミサイル警報も依存しているわけだが、弾道ミサイルに比べどこに弾着するかも予想が難しくなる極超音速滑空体、極超音速巡航ミサイルについてのミサイル警

報の成否については、日本としても無関心ではいられないことだろう。

日本の防衛省は、２０２１年度防衛費に「衛星コンステレーション（監視衛星群）」の研究費約１・７億円を計上した。

この意図について、岸防衛相は「衛星コンステレーションを活用したＨＧＶの追尾システムの概念検討を実施するために、令和３年度予算案として約１・７億円を計上しているという所でございます。いずれにしても今後しっかり日米の連携の強化の必要性について、また日本側の協力の余地について、更に検討を勧めていきたいと思います……日米間でこの協力の余地についてですね、更に検討を進めていきたい」とその意図を説明した（２０２０年12月21日の記者会見）。

日本が米国のトラッキング・レイヤーを支えようというなら、Ｈ-３ロケットによる打ち上げ分担や、①広視野（ＷＦＯＶ）衛星（ＯＰＩＲセンサー搭載）、②中視野（ＭＦＯＶ）衛星（ＨＢＴＳＳセンサー搭載）、

極超音速滑空体および弾道ミサイルの捕捉・追尾用衛星レイヤー構想図

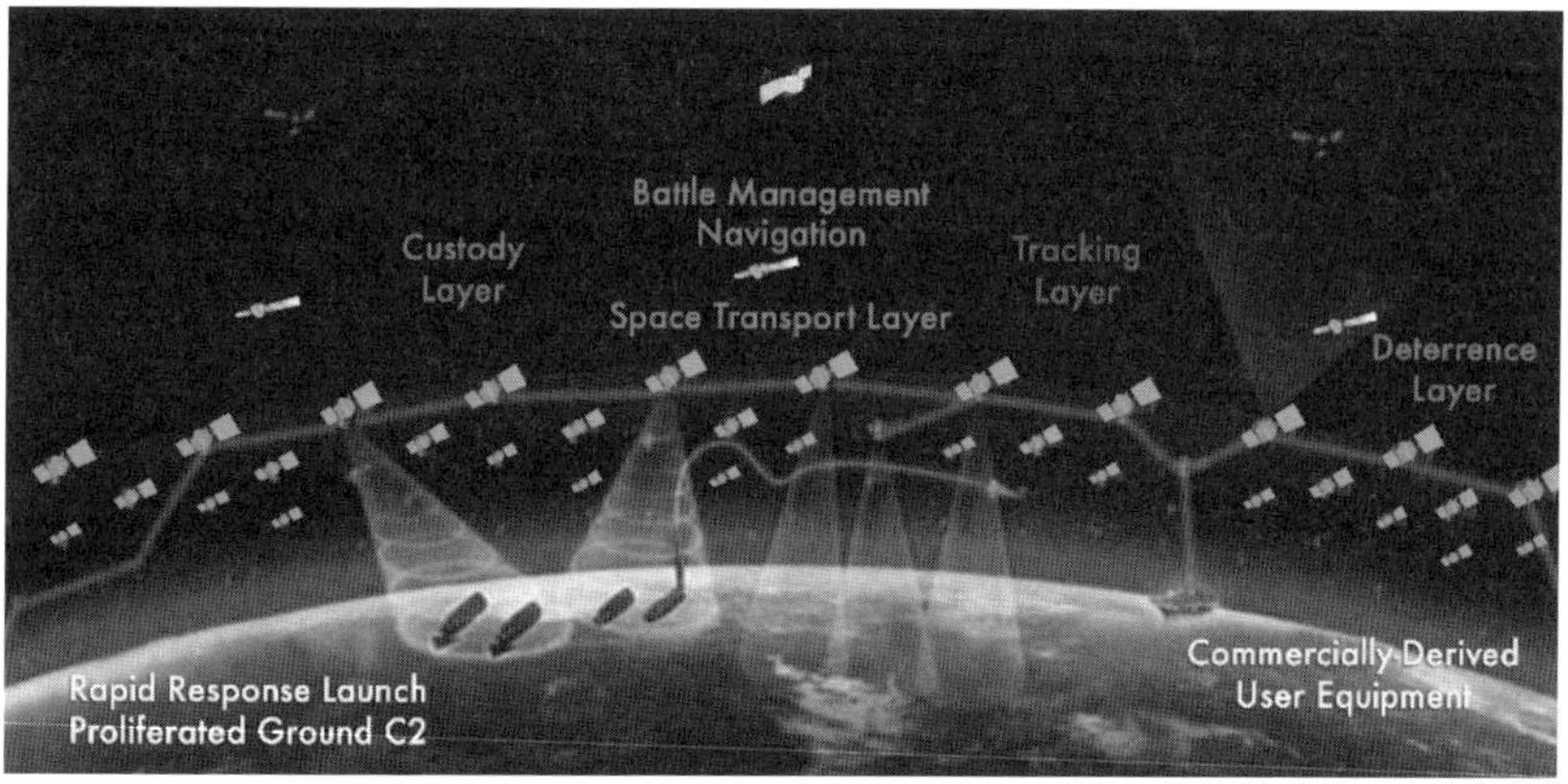

（イラスト：SDA）

③トランスポート衛星そのものの組み立て、さらに、OPIRセンサーやHBTSSセンサー、または将来の赤外線センサーの開発等も検討されるかもしれない。

極超音速兵器の追尾を任務とする装備は、宇宙のトラッキング・レイヤーだけではない。アメリカは、アラスカ州クリア基地に、LRDR長距離識別レーダーを建設するが、メーカーは「今日の脅威に対処するように設計されているだけでなく、ハードウェアの設計を変更することなく、極超音速の脅威などの新しい脅威に適応する態勢を整えている」と説明している。

極超音速ブースト滑空ミサイルの捕捉・追尾が出来れば、将来の迎撃の基盤になるだけでなく、追尾している敵のミサイルがどこから発射されたのかを確定することが出来るかもしれない。またそれが確定できれば、反撃すべき相手の特定につながるかもしれない。

なお、米国防省が目指しているのは、極超音速兵器計画や極超音速ミサイルの探知・追尾だけではない。

弾道ミサイルより複雑な動きをし、巡航ミサイルより格段に速い極超音速ミサイルに対処するためには、宇宙や海上、陸上のセンサーと迎撃システムの間を結ぶデータのやりとりも従来のままでは通用しないというのが、米国防省の判断のようだ。

ただ、前述の通り米海軍は、機動しながら飛翔する巡航ミサイルを捕捉・追尾したE‐2D早期警戒機のAN／APY‐9レーダーのデータをイージス艦とやりとりするためにCEC（共同交戦能力）を使用している。極超音速ミサイルも機動しながら飛行するが、その速度が速い。このため極超音速ミサイルの飛翔データの受け渡しで重要な役割を果たす新たな仕組みとして、米海軍は２０２１会計年度予算で、極超音速ミサイル対策の一部として、ＣＥＣの技術発達型である「ＮＩＦＣ‐ハイパーソニック（NIFC-Hypersonic）」の開発を打ち出し、同項目では「高度に重圧的な脅威に対処するために、加速度および高度をＣＥＣ合成追尾環境に含めるため、ＣＥＣの速度を拡張するソフトウェア開発の取り組みを開始」となっていた。つまり、極超音速ミサイルを捕捉・追尾するセンサーのデータを、迎撃システム等とのやりとり・データ共有を確実に行うために、大容量で速度の速いＮＩＦＣ‐ハイパーソニックを開発するというのである。

ＮＩＦＣ‐ハイパーソニックの送受信の一方の端末は、複数のイージス艦になるとしても、前述の早期警戒衛星やＥ‐２Ｄ早期警戒機を結ぶものとなるのかどうか、筆者には、不明である。

大気圏上層部での迎撃を目論む
グライド・ブレーカー計画

では米国は、極超音速ミサイルに対してどのような迎撃システムを構築しようとしているのか。

まず、現時点での防空装備では、極超音速兵器に対応できないのだろうか。

極超音速滑空体ミサイルは、弾道ミサイルより迎撃が困難だが、前述の米議会調査報告[※5]には「極超音速ミサイルに対処するために、ポイント・ディフェンスシステム、特にＴＨＡＡＤは、合理的に適合させることが出来る。欠点は、狭い領域しか防御できないこと」との記述もあった。さらに、米国の現在のコマンド・アンド・コントロール・アーキテクチャでは、飛んでくる極超音速の脅威に対応して迎撃するのに十分な速さでデータを処理することができないのでは、との記

※5 「Hypersonic Weapons：Background and Issues for Congress」(2020/12/1)

述もあった。このTHAAD迎撃システムは、極東では、在韓米軍に配備されているが、日本には配備されていない。しかし物理的には、日本を射程内としうる中国のDF‐17極超音速滑空体ミサイルは、中国メディア「新浪軍事（2019年11月23日）」の記事によれば、SM‐3やTHAADでの迎撃を困難にすることを意図して開発されていることになっている。

弾道ミサイル防衛で使用されるSM‐3やPAC‐3ミサイルのシリーズは、ある程度軌道と未来位置の予測が可能な弾道ミサイルに対しては、近接信管を使用するのではなく、標的にそのまま体当たりして迎撃する方式をとっている。終末（ターミナル）段階での弾道ミサイル迎撃を目指すPAC‐3システムは、PAC‐3ミサイルのシリーズやPAC‐2GEMミサイルのシリーズを運用するが、極超音速滑空体ミサイルや極超音速巡航ミサイルを標的とする場合、マッハ5以上の高速のまま軌道（飛翔経路）が突然、変化する可能性があることから、標的への直撃を目指すPAC‐3ミサイル・シリーズのPAC‐3MSEミサイルやPAC‐3CRIミサイルでも対応が難しいかもしれない。むしろPAC‐3システムで運用されるPAC‐2GEM‐Tミサイルの方が、PAC‐3ミサイル・シリーズより射程が長く、信管を用いて標的が近づいた段階で爆発、破片を周囲に撒き散らし、標的を損傷するので、現時点では、極超音速ミサイルへの対応にまだしも適しているかもしれないと考えることもできる。

従来のミサイル防衛（MD）においては迎撃が困難とされる極超音速兵器の迎撃について、米ミサイル防衛局はまず、「弾道ミサイルによって大気圏上層部に投射されるブースト・グライド・ビークル（＝ロケット・ブースターによって加速される滑空体）を停止するグライド・ブレーカー

THAAD迎撃ミサイル・システム。将来の極超音速ミサイル迎撃システムは、THAADをベースに開発される可能性も（写真：MDA）

の提案を募集し始めた」[※6]。このグライド・ブレイカー計画は2018年にスタート、目指すのは大気圏上層部での迎撃である。米ミサイル防衛局が発表したグライド・ブレーカーのコンセプト図をみると、グライド・ブレーカー計画の迎撃ミサイルらしきものが極超音速滑空体を正面から捕捉。噴射しつつ、向かう迎撃ミサイルと、円筒形の弾体が衝突寸前の様子が描かれている[※7]。

具体的には、グライド・ブレーカーは、何を迎撃対象とするのだろうか。

ロシアの大陸間弾道ミサイル搭載用のアヴァンガルド極超音速滑空体はすでに配備が開始されており、大気圏上層部を飛翔することから、迎撃の対象となり得るのは、まず、このロシアの

※6　米National Interest誌20/2/13

※7　https://www.darpa.mil/program/glide-breaker

アヴァンガルドということかもしれない。そしてアヴァンガルドのような極超音速の戦略兵器の迎撃には、極超音速弾体1発に迎撃弾頭1発を体当たりさせるのだとすると、円筒形の弾体はKEW（運動エネルギー弾：*Kinetic energy weapon*）なのだろうか。

DARPAは、2020年2月10日、グライド・ブレーカーの推進システムを担当する企業を選定して契約し、ほぼその1週間後にはグライド・ブレーカーの全体開発を請け負う企業も指定されている。「この目的は、上空で極超音速で機動する脅威に対処できる高度な迎撃ミサイルを実現するために重要な技術を開発し、実証すること」で、請け負った企業は「固体燃料推進と吸気推進の両方を提供する」としている。[※8]

アヴァンガルドへの対応は、米国にとって、本土防衛の観点からも重要だろうが、極超音速兵器はアヴァンガルドのように戦略レベルの射程の兵

グライド・ブレーカー概念図

敵の長距離ミサイル搭載の極超音速滑空体(画面右から進入)を迎撃するグライド・ブレーカー。グライド・ブレーカーは、固体推進ブースターで加速。スクラムジェットのような推進機構で、さらに加速、機動するのか？(イラスト：DARPA)

※8　米Bloomberg 2020/2/11

器だけではない。

前述のロシアのＩＣＢＭ搭載用のアヴァンガルド極超音速滑空体は、大気圏上層とそれより上を往復するように飛翔するとみられる。米ＭＤＡがグライド・ブレーカー計画を進めるいっぽうで、中・露は、アヴァンガルドより低空を飛ぶ極超音速滑空体ミサイルや極超音速巡航ミサイル計画もすすめ、実用化している。

第１章で記述したように、米会計検査院は、極超音速滑空体の飛翔高度を約40〜96キロメートル、極超音速巡航ミサイルの飛翔高度を約19〜30・４キロメートルと予想している。極超音速で、このような低高度で、機動しながら飛ぶのだ。

このため極超音速ミサイル迎撃にはグライド・ブレーカー以外の迎撃システムも必要と考えられ、米ＭＤＡは２０２０年に、複数の米企業に依頼して迎撃システムの提案を受けた。

そのためか21会計年度予算で米国防省は「極超音速防衛をサポートし、……進化する脅威に対応するためにＲＧＰＷＳ（地域滑空段階兵器システム：*Regional Glide Phase Weapon System*）ミサイル防衛構成の推奨事項を提供する。米国防省は、極超音速脅威防御兵器システムを追い求め、既存のシステムを活用およびアップグレードする」[※9]との方針を打ちだし、２０２０年１月28日、米ミサイル防衛局は「極超音速防衛ＲＧＰＷＳプロトタイプ・プロジェクトを実施する」と発表、応募する企業を公式に募集した。[※10] Regional という言葉が付いていることから、グライド・ブレーカーのような戦略兵器迎撃システムというより、地域（戦域?）射程レベルの極超音速ミサイルを迎撃することを前提とした兵器ということだろう。「（イージス艦等に装備される）Mk.41

※9　Defense Budget Overview February 2020
※10　defpost, 2020/1/29

垂直発射システムを使用」出来るようにすることも設計上の条件と、米MDAのヒル副局長（当時）が明らかにしたという。そうすれば、「米海軍の艦隊全体に（RGPWSの）能力を付与できる」とヒル副局長は説明した。[※11] Mk.41垂直発射システムから発射できるようにするなら、RGPWSは、イージス艦からの運用を前提にしていることになり、イージス・アショアからも運用可能となるのかもしれない。

RGPWSについて、米エアロスペース・デイリー[※12]によると、極超音速の「準中距離及び中距離の脅威」に対応することになっているので、まさに前述の、物理的には日本を射程にしうるDF‐17極超音速滑空体ミサイルが当てはまることになりそうだった。MDA（ミサイル防衛局）のRGPWS迎撃ミサイル計画は、「米軍は、イージス弾道ミサイル防衛システムを装備した米海軍のアーレイ・バーク級駆逐艦に配備するために、極超音速ブースト滑空飛翔体を倒すことを目的とした迎撃ミサイルを開発しており」、ヒルMDA長官は、どのイージス艦が最終的にRGPWSを搭載する可能性があるかを明確にしていないが、「この迎撃ミサイルは（イージス・システムの）Mk.41垂直発射システム（VLS）発射セル内に収まるように設計されている」と述べた。2020年2月に公開された21会計年度に対するMDAの予算要求では、この迎撃ミサイルを、多くのアーレイ・バーク級イージス駆逐艦や陸上のイージス・アショアで見られるイージス弾道ミサイル防衛（BMD）システムと統合する計画だった。

しかし2020年8月、ヒルMDA長官は、RPGWS迎撃ミサイル・プロジェクトについて「MDAは21経済年度の第1四半期終了までにレヴューを完了する予定」だったが、「MDAは極

※11 米Aviation Week& Space Technology電子版(2020/3/4)

※12 Aerospace Daily(2019/12/11)

超音速防御能力を達成するため、長期的な道を歩んでおり、最初にＨＢＴＳＳセンサーに焦点を合わせる」と述べ、ＲＰＧＷＳのプロジェクトを一時停止し、トラッキング・レイヤーの重要なセンサーであるＨＢＴＳＳセンサー計画を優先する姿勢を示した。

ＨＧＶへのシミュレーション迎撃を実施した

ＳＭ‐６デュアルⅡとは

では米国は、戦域レベルの極超音速ミサイルの迎撃システム開発を停止したのだろうか。

米防衛専門ニュースレター、INSIDE DEFENSE（2021/1/19）によると、米海軍は２０２０年３月に太平洋で実施されたＣＰＳの発射試験ＦＥＸ‐01において、２０００マイル（約３２００キロメートル）飛翔したＨＧＶ（極超音速滑空体）に対し、ハワイ・カウアイ島に設置されたＡＮ／ＳＰＹ‐６（Ｖ）１レーダーがＨＧＶを検出し、追尾した（ＡＮ／ＳＰＹ‐６（Ｖ）１レーダーは、米海軍のフライトⅢイージス駆逐艦に搭載されるレーダーである）。さらに１隻のイージス駆逐艦がＳＭ‐６デュアルⅡミサイルで、このＨＧＶをシミュレーション迎撃したという。２０２３年には、ＨＧＶに対してＳＭ‐６の実弾による迎撃試験が行われる、という。

ＳＭ‐６はＳＭ‐２ブロックⅣ艦対空ミサイルの弾体にＡＩＭ‐１２０Ｃ‐７ＡＭＲＡＡＭ空対空ミサイルのシーカーと誘導装置を搭載したミサイルで、大気圏外での弾道ミサイル迎撃を主目的とするイージス・システム用のＳＭ‐３が標的の弾道ミサイル弾頭に体当たりして破壊するのに対し、ＳＭ‐６は爆発する弾頭を装備している。ＳＭ‐６ミサイルの中でも、対航空戦（Ａ

ＡＷ：*Anti-Aircraft Warfare*）にも終末段階での弾道ミサイル防衛にも対応しうるものを、ＳＭ‐６デュアルⅠミサイルと呼ぶが、同ミサイルは見通し外の水上艦攻撃も可能とされる。

２０２０年３月にＨＧＶをシミュレーション迎撃したＳＭ‐６デュアルⅡミサイルがどのような迎撃ミサイルなのか、２０２１年２月末現在、筆者には想像もつかないが、速度も機動性も高く、標的の位置や進行方向などについてのデータの受信・更新速度がかなり速くなくては、迎撃は難しいだろう。トラッキング・レイヤー⇒トランスポート・レイヤーのデータや、地上・海上のセンサーによるデータを直接、ＮＩＦＣ‐ハイパーソニックで受領することになるのだろうか。興味深いところである。

米海軍のアーレイ・バーク級ミサイル駆逐艦「ジョンポール・ジョーンズ」(DDG53)から打ち上げられるSM-6ミサイル。超音速の高高度無人標的機をターゲットにした実弾射撃テストの模様(写真：US Navy)

SM‐6は、そもそも米海軍では、弾着に近い終末段階での弾道ミサイル迎撃や、海面上を低く這うように機動しながら飛ぶ巡航ミサイル防衛用にイージス艦に配備を進めている迎撃ミサイルだが、このミサイルを極超音速ミサイル迎撃に使用する可能性が検討されているというわけである。

「米国防総省はSM‐6を極超音速飛翔体迎撃ミサイルとすることを検討している。これは『高度に機動する脅威』に対してすでに効果があることで、23（会計）年度に極超音速ブースト滑空標的に対する飛行試験が予定されている」[※13]とも報じられていた。同記事によれば、米海軍は空母打撃群を機動性の高い極超音速兵器から防護する潜在能力を保有していることを示し、米国防総省の担当者は、それがSM‐6であることを示した、というのである。前述の記事によれば「米国防省は、SM‐6は洋上防衛の飛行試験中において、高度な機動性をもつ脅威に対抗する初期段階の能力を示し、23年度には極超音速の脅威の目標に対する飛行試験を実施する予定だ」と、米国防省の担当者が2020年3月11日の米下院軍事委員会で証言しただけでなく「米海軍の担当者は、米上院でも、超高速兵器の新たな段階である機動性の高い極超音速兵器から防衛するために既存の兵器システムを統合した、と述べた。しかし、その『既存の兵器システム』を特定することを拒否。機密ブリーフィングを実施することを議員に約束した」という。[※13]

また「米海軍には、特に空母打撃群を、進化するミサイルの脅威から守るために、共同交戦能力（CEC）と海軍統合火器管制—対空（NIFC‐CA）という2つの主要なプログラムがある」[※14]として、SM‐6による極超音速ミサイル迎撃は、前述の巡航ミサイル迎撃の仕組みである

※13 INSIDE DEFENSE（2020/08/25）
※14 INSIDE DEFENSE（2020/08/25）

ＮＩＦＣとの関係があるかのように示唆している。これは、前述のＮＩＦＣ－ハイパーソニックを意識したものだろうか。

その上で、同記事は、米海軍と（メーカーの）レイセオンは、21インチのロケットモーターと誘導部および弾頭を組み合わせて、射程と速度を改善することに取り組んできたことを強調。ＳＭ－６の従来型である、ＳＭ－６ブロック１Ａ迎撃ミサイルは、ブースターが直径21インチで、２段目より上の部分は直径13・５インチだったが、前述の通り米海軍は、21会計年度から、ＳＭ－６のブースター以外の部分も21インチ直径のミサイル、ＳＭ－６ブロック１Ｂを開発し、推進剤を増やして、（対艦または対地？）極超音速ミサイルにすることを目指している。ＳＭ－６をベースとした極超音速ミサイル迎撃ミサイルは、ＳＭ－６ブロック１Ｂ同様、直径を増やすことによってブースターの推進剤を増やしたミサイルを使用するのかは不明だ。

２０２０年に米企業から提案された、極超音速ミサイル迎撃プロジェクトには、レイセオン社のＳＭ－３ＨＡＷＫ、ロッキード・マーティン社のバルキリー（ＰＡＣ－３発展型）、ＤＡＲＴ（ＴＨＡＡＤ発展型）、それにボーイング社のＨＹＶＩＮＴがあった。（ヒルＭＤＡ長官会見　２０２０年２月10日）これらの提案は、ＲＧＰＷＳを支援する候補として提案されたものだが、将来、これらの提案、または、これらをベースにした極超音速ミサイルを迎撃するミサイルのプロジェクトがどうなるのか、２０２１年２月現在の筆者には不明である。

米本土に届く大陸間弾道ミサイル（ＩＣＢＭ）を保有しているのは、ロシアだけではない。中国が保有している射程１万２０００キロメートル級のＤＦ－41大陸間弾道ミサイルの弾頭について、米議会に設置されている「米中経済・安全保障問題検討委員会」の２０１９年版報告書は、ＭＩＲＶ（個別誘導再突入弾頭）化だけでなく「核ミサイルが敵のミサイル防衛を回避できるようにする超音速滑空体技術のテストが含まれる」と分析していた。つまりＤＦ‐41は、将来核弾頭を、米ミサイル防衛網の回避を目指す「極超音速滑空体」に搭載する可能性もあると分析していたのである。中国のＤＦ‐41も、アヴァンガルドのような極超音速滑空体を弾頭に使用することになれば、米国の早期警戒網情報、ミサイル防衛にとって、新たな難題となるかもしれない。

2. ロシアの極超音速ミサイル対処プロジェクト

レゾナンス‐Ｎレーダーと59Ｎ6‐Ｔレーダー

極超音速飛翔体を捕捉＆追尾できる

極超音速ミサイルで米国より先行するロシアは、極超音速ミサイルへの対処、極超音速ミサイルに対する防御に関わるプロジェクトにも着手している。

ロシアは、極超音速ミサイルの探知・捕捉用に、北極圏のコラ半島に、極超音速飛翔体を捕捉・追尾できる「レゾナンス‐Ｎ（*Rezonans-N*）レーダー」２基を配備する予定で、２０２０年現在、レーダーの１基はすでに建造済みで、２０２０年末までにもう１基が配備される見通しだったという。さらにロシアは5基のレゾナンス‐Ｎレーダーステーションの注文を決定。これらはノバヤ・

ゼムリャ群島の東の北極圏に配備される予定、という。[※15]

このレゾナンス‐Nレーダーの性能は不詳だが、前記のTASS通信記事によれば「レゾナンスレーダーは、（中略）……ステルス技術に基づく航空機を検出し、マッハ20までの速度で飛行する極超音速標的を検出可能」としている。また、ロシアの装備品輸出国営企業「ROSOBORONEXPORT（ロソボロネクスポルト）」のホームページは、「巡航ミサイル、弾道ミサイル、極超音速飛翔体、ステルスを効果的に捕捉する「レゾナンス‐NEレーダー」は、「100×100メートルの敷地に最大4つのレーダーモジュールを設置し、それぞれが90度の方位角セクターを制御し、独立して作動」するとし、その諸元として「探知距離：10～1100キロメートル、探知高度：＋－100キロメートル、高度1万キロメートルの航空機識別距離：350キロメートル、同時追尾目標数：＋－500」と紹介している。

また、アルジェリアに輸出されたレゾナンス‐NEレーダーについて、米Global Security[※16]は、「速度に関わらず、標的を捕捉できるのは、0・1メートル／秒～7000メート

極超音速飛翔体を捕捉・追尾できるロシアのRezonans-Nレーダー（写真：Global Security）

※15　TASS通信2020/2/7

※16　https://www.globalsecurity.org/military/world/algeria/rezonans-ne.htm

ル／秒（マッハ20以上）」と記述していた。ロシア国内に配備されるレゾナンス-Nレーダーが、レゾナンス-NEレーダーを上回る性能の可能性はあるだろう。ロシアは自国配備用として、さらに極超音速飛翔体を捕捉・追尾するための、ネボ-M（*Nebo-M*）レーダーを開発しているのみならず、輸出を視野に入れた別のレーダーも開発した。

２０２０年５月21日、ロソボロネクスポルト社は、ロシア軍の59Ｎ６-Ｔレーダーの輸出バージョンである、59Ｎ６-ＴＥ移動式３次元レーダーの「世界市場へのマーケッティング活動を開始」と発表した。この59Ｎ６-ＴＥレーダーについて、ロソボロネクスポルト社は「極超音速ターゲットを含む既存および将来の広範囲の空中ターゲットを効果的に検出できる最先端のレーダー」、「外国の顧客のニーズを考慮し、防空ユニットの情報収集能力を拡大した」と説明。顧客のニーズに柔軟に対応するためか、59Ｎ６-ＴＥレーダーの構成は、「レーダーアンテナ・ハードウエア複合体と、表示ポスト」が基本で、「ＫＡＭＡＺ６５６０トラックに搭載したり、固定施設としたり、レーダーアンテナ・システムを高い塔に立て、表示ポストは、グラスファイバーで最大１キロメートル、無線リンクを使用して、最大15キロメートル、アンテナ・システムから離すことができる」とその柔軟な構成を強調している。

59Ｎ６-ＴＥレーダーの具体的な能力については「波長は、デシメートル」として極超短波＝ＵＨＦ帯であることを示し、「極超音速標的とは別に空力標的（航空機や巡航ミサイル）、それに弾道標的を効果的に検出」し、「59Ｎ６-ＴＥは、標的との距離、方位角、高度を測定する。水平距離４５０キロメートル、高度２００キロメートルの範囲で、最高時速８０００キロメートルまでの飛翔体を検出。そのレーダー情報をC4Iと交換する。……空中標的の捕捉と追跡には、自動モードと半自動モードがあり、リアルタイムモードでは、1000以上の標的を同時に追尾し、対レーダー・ミサイルを含む8種類の標的を認識し、高精度な弾薬やミサイルによる危険性を除去するため、味方の戦闘員に警告できる」としている。

つまり、59N6‐TEレーダーは、"C4Iシステム"と連接できるとなっているので、少なくとも、極超音速ミサイルに対する警戒レーダーとしては、機能しうるのだろう。しかし、迎撃システムの一環として、迎撃ミサイルの誘導も将来、意図したものかどうかは、筆者には不明だ。

ではロシアは、極超音速ミサイルの迎撃システムを開発しているのだろうか。ロシアは、地上配備型の弾道ミサイル迎撃可能な迎撃システムとして、S‐300、S‐400の開発・配備を進めてきたが、その流れの先にS‐500システムの開発がある。

ロシア航空宇宙軍のサロビキン司令官はインタビューに答えて、最新の地対空ミサイル・シス

ロシア軍の59N6-Tレーダーの輸出バージョン、59N6-TE移動式3次元レーダー(写真：ROSOBORONEXPORT)

テム、S‐500プロメテウスは『システムに組み込まれている特性により、……弾道ミサイルのみならず、近距離宇宙を含む、あらゆる極超音速飛翔体のバージョンを破壊することが出来る。匹敵するシステムは他にないと言えよう』（ロシア連邦軍機関紙『赤い星』2020/7/3）と述べたという。

S‐500は、91N6A（M）戦闘管理レーダー、96L6‐TsP捕捉レーダー、76T6エンゲージメント・レーダー、77T6対弾道ミサイル用といった複数の種類のレーダーを使用し、迎撃ミサイルも、9M82、9M83等、複数の種類の迎撃ミサイルを使用する複雑なシステムだ。「ロシアの航空宇宙軍の司令官は次世代のS‐500対空ミサイルシステムは衛星や極超音速兵器を撃墜できると述べ」、「S‐500は、弾道ミサイルに対しては、射程370マイル（約600キロメートル）で、他のターゲットについては射程310マイル（約500キロメートル）、最高時速1万6000マイル（マッハ20以上）の速度の極超音速標的、最大10個を同時に狙える」（『赤い星』2020/7/3）という。10個の弾頭から個別に誘導される子弾で極超音速飛翔体を撃墜する、とされている。[※17] そして、S‐500は、21年から稼働予定とされていた。（米ニューズウィーク誌 2020/7/3）

対処できる標的の最高速度が約マッハ20以上とすれば、S‐500が迎撃できる極超音速ミサイルは、米軍のB‐52H爆撃機から発射されるAGM‐183A ARRWを視野に入れているのかもしれないが、プーチン・ロシア大統領は、2020年6月14日「ロシア軍が極超音速攻撃を阻止できる対抗策をまもなく実施するようになる」と発表した。[※18]

※17 Jane's Land Warfare Platforms : Artillery & Air Defence 2018-19

※18 ミリタリーウォッチマガジン 2020/6/15

ロシアが開発している極超音速ミサイル迎撃プロジェクトは、地上発射型の迎撃ミサイル・システムだけではない。ロシアは、極超音速ミサイルを空中で迎撃するために、MiG－31、及び将来のMiG－41型機搭載用のMPKR－DP（多機能長距離迎撃ミサイル・システム）の開発に乗り出しているとされる。このMPKR－DP多機能長距離迎撃ミサイルについて、ベラルーシ国防省の軍装備等の管理部門ホームページには「1つの弾薬に複数のホーミングシェルが搭載されれば、（極超音速飛翔体のような）高速オブジェクトに命中する可能性は大幅に増加」、「有力な候補のひとつは、（空対空ミサイルの）RVV－AEまたはR－77の次期バージョンとして有望な中距離ミサイルK－77M」であり、「Su－57の内部コンパートメントに内蔵する必要がある」とした。では、MPKR－DPで、どうやって極超音速飛翔体を迎撃するかについては、「①迎撃戦闘機が約200キロメートル飛行可能な飛翔母体（キャリアー）を発射　②飛翔母体（キャリアー）から、いくつかの空対空ミサイルが切り離される　③アクティブ・レーダーホーミングヘッドを使用して、これらのミサイルはターゲットを捕捉、迎撃する」と記述しているのだ。

また、ロシアでは、極超音速兵器を妨害する電子戦システムの開発も行われていると報道されている。（イズベスチャ 2020/4/22）「極超音速ミサイルの飛翔経路の最終段階で、光電子工学（センサー）、レーダー、衛星航法を抑制し、正確な打撃を防ぐことが出来る」として、GPS妨害、無線誘導妨害、レーダー妨害、光電子誘導妨害について紹介している。

また Divnomorye というシステムは、「ロシアの北極海岸に沿って設置された電子戦の新システム（の1つ）で、数千キロから外国船や航空機を妨害することができる」（モスクワタイムズ

2019/5/22）という。

ＧＰＳ妨害については、「ロシア軍の既存の電子戦システムでも行うことが可能」、「最も効果的な電子戦システムは、稼働中のDivnomoryeで、数百キロメートルのエリアで、航空機、ヘリコプター、無人機のレーダーや航空機搭載電子装置を抑制」し、さらに標的を見つけ、位置を確定するのに重要な「偵察衛星に干渉」したうえで、「レーダー誘導のミサイル…（中略）…を妨害できる」（イズベスチャ 2020/4/22）としているのである。

米空軍のＡＲＲＷ極超音速ミサイルは、発射母機にＢ-52ＨやＢ-１Ｂ爆撃機、Ｆ-15ＥＸ戦闘攻撃機を使用するので、Divnomoryeが、極超音速ミサイルというより、発射母機を妨害するという手段も考慮されるかもしれない。

極超音速ミサイルをより安価な手段で妨害する手段もあり、例えば、「特別なエアロゾルを備えたグレネードランチャーは、ミサイルから標的を確実に隠す雲を作る可能性があり、正確に照準を合わせることが不可能になる。このような否定的状況に直面すると、敵の武器はターゲットを攻撃できなくなる」（イズベスチャ 2020/4/22）との例を紹介しているが、これは米国の極超音速ミサイル計画が、オバマ政権以来全て非核の通常兵器として開発される、つまり、かなりの精度を期待されて開発されることを踏まえてのことかもしれない。米国の極超音速兵器が核兵器であれば、ロシアが標的を隠し、飛翔コースをずらすことが出来ても損害を免れることは難しいからだ。

ロシアは、ＧＰＳ信号を事実上乗っ取り、妨害が可能なクラスカ-２、クラスカ-４等の移動式電子戦装置を配備している。GPS妨害・乗っ取りは、ロシアの得意分野と言えるかもしれない。

ところで、ロシアのICBMに搭載されるアヴァンガルドは、米国にとって新たな脅威なのか。

この点について、「米議会報告」[※19]は、そもそも「米国は、ロシアの戦略弾道ミサイルまたは弾頭を迎撃するために必要な機能を備えた弾道ミサイル防衛システムを開発も展開もしていない。……米国は『米国に対する大規模で技術的に洗練されたロシアと中国の大陸間弾道ミサイルの脅威から守るのは抑止力に依存している』と記述。このため、「アヴァンガルドは、その機動性でミサイル防衛をすり抜けるので、米国に対する新たな脅威になったり、核抑止の新たな問題を生み出すことはない。米国は、既存のロシアの長距離弾道ミサイルを迎撃できるミサイル防衛すら保持しておらず、開発もしていない。……しかし、ロシアは、米国がロシアのミサイルに対抗するために必要な能力とロシアの戦略的抑止力を弱体化させる可能性のある数のミサイル防衛迎撃飛翔体を開発し、最終的に配備すると信じ続けている。したがって、米国はロシアの弾道ミサイルの既存の弾頭に対して防御することもできないのに対し、ミサイル防衛は機動する極超音速滑空体を迎撃できないため、ロシアはアヴァンガルドが米国に新たな挑戦をもたらすと強調した。アヴァンガルドがロシアの打撃力と米国の防御力の間の既存のバランスを変えないという事実にもかかわらず、多くの米国のアナリストとオブザーバーはこの主張を繰り返している」というのである。つまり、米国は、ロシアの戦略核に対しては、確証破壊の考え方を維持しているため、ロシアの戦略核兵器がアヴァンガルドのような機動する弾頭に変わっても、ロシアの戦略核の脅

※19 Russia's Nuclear Weapons：Doctrine, Forces, and Modernization 2020年7月20日版

威に変化はない、という考え方のようだ。

では、なぜ、米ＭＤＡ（ミサイル防衛局）は、前述の大気圏上層部を飛翔する極超音速滑空体の迎撃を目指すグライド・ブレーカー開発計画を進めるのか、興味深いところである。

おわりに

技術の発達は、人類の生活を豊かにしてきた反面、戦争の様相をも変えてきた。

本書で縷々記述したとおり、極超音速ミサイルは、地上、海上の標的攻撃用の新分野の兵器である。弾道ミサイル同様、移動式発射機やサイロ、潜水艦に搭載される他、米露が弾道ミサイルでは発射母体として使用していない水上艦や航空機までも、極超音速ミサイルを搭載する方向で進んでいる。

そして、弾道ミサイル同様のロケット・ブースターを用いて打ち上げられる極超音速ミサイルは、発射直後の段階すなわちミサイルの噴射・上昇段階では、現在の米国の早期警戒衛星情報を基盤とする早期警戒体制では、弾道ミサイルなのか極超音速ミサイルなのか、判定が難しくなる可能性がある。

極超音速ミサイルのブースターの先端には、極超音速滑空体または極超音速巡航ミサイルが搭載されるが、ブースターから切り放された後のこれら先端部（ペイロード）は、比較的単純な弾道軌道（＝ほぼ楕円軌道）を描く弾道ミサイルの弾頭とは異なり、一般に弾道ミサイルより低く、くねくねと飛翔する。飛翔途中の未来位置が予想しがたいため、これまでのＢＭＤでの対処・迎撃は難しく、着弾エリアの予想も困難で、民間への警告・避難誘導も難しくなりかねない。米国を中心に西側諸国が、営々と築いてきたＢＭＤの仕組みを無効化することが、中露や北朝鮮の極超音速ミサイルの目的だろう。

第二次世界大戦末期に生まれた弾道ミサイルや巡航ミサイルは、日本の広島、長崎に壊滅的打撃をもたらした核兵器、原子爆弾と結びつき、ソビエト連邦を中心とする東側陣営と、米国を中心とする西側陣営が、それぞれ抱える核ミサイルが睨み合う冷戦時代の象徴的存在となった。だが、その後誕生した水素爆弾や新たな核兵器は、冷戦時代の東西両陣営に、決して強固な安定とは言えない〝恐怖の均衡〟という事態をもたらしたのである。

振り返れば、18世紀、フランスで発明された熱気球は、その後の戦争で、空に敵を監視する〝斥候〟がいるという状態を生み、20世紀に入った1903年にライト兄弟による翼とエンジンとプロペラで飛ぶ、動力有人飛行機が登場すると、そのわずか8年後の1911年には、イタリア軍が有人飛行機で敵情の監視・偵察のみならず、当時、戦争相手であったトルコ軍の頭上に爆弾を投下した。〝爆撃〟という、その後の戦争では広く実施されることになる戦術が、こうして誕生してしまったのである。

このように、技術の進歩は、世界の安全保障環境を一変させることにも繋がりうるのだ。

そしていま、「極超音速ミサイル」の登場である。

世界は〝恐怖の均衡〟という際どい均衡状態の下にありつつも、第二次世界大戦後、人類は一度も本格的な核戦争を経験していない、というのも、また事実である。

しかし、極超音速ミサイルの開発・生産・配備については、2020年末時点の状況では、米国は様々なプロジェクトを進めてはいるものの、中・露は米国に先行しており、米露、米中の間に均衡が存在するとは言い難い。この、中・露と米国の間にある極超音速ミサイルについてのギャップが、今後、世界に、そして日本に、何をもたらすのか。

筆者はこれらの課題に対する見識は持ち合わせていないが、これからの日本と世界の安全保障について考えてみようとする読者諸兄に、本書が、ひとつの刺激、一片の手掛かりとなるなら、幸甚である。

本書は、軍事評論家の岡部いさく氏と、イラストレーターのヒミギヤ氏の協力、そして、イカロス出版の尾崎清子氏の叱咤激励を得て、完成した。末筆ながら、深く御礼申し上げたい。

著者略歴

1958年京都生まれ。1981年早稲田大学第一文学部卒業（西洋現代史）。防衛、安全保障の取材歴が長く、1990年、米スミソニアン博物館付属施設（ガーバーファシリティ）で、復元作業中だったB-29爆撃機エノラゲイ（広島に原爆リトルボーイを投下）の機体内部に入って、取材。著書に「極超音速ミサイルが揺さぶる『恐怖の均衡』（扶桑社）」、「ミサイル防衛（新潮新書）」「防衛省（新潮新書）」、「東アジアの軍事情勢はこれからどうなるのか データリンクと集団的自衛権の真実（PHP新書）」、「弾道ミサイルが日本を襲う:北朝鮮の核弾頭、中国の脅威にどう立ち向かうか（幻冬舎ルネッサンス新書）」、「検証 日本着弾―「ミサイル防衛」とコブラボール（共著 扶桑社）」、「岡部いさく&能勢伸之のヨリヌキ『週間安全保障』（大日本絵画）」がある。

◎本文イラスト　岡部いさく
◎本文図版・イラスト　ヒミギヤ
◎装丁・本文デザイン　御園ありさ（イカロス出版制作室）

世界はいま、新たなミサイルの脅威に直面する

極超音速ミサイル入門

2021年4月10日発行

著　者──能勢伸之

発行人──塩谷茂代
発行所──イカロス出版
〒162-8616 東京都新宿区市谷本村町 2-3
［電話］販売部 03-3267-2766
編集部 03-3267-2868
［URL］http://www.ikaros.jp/
印刷所──図書印刷

Printed in Japan